室内设计原理

朱淳　张力　编著

CUCP 中国传媒大学出版社
·北京·

U0824756

图书在版编目(CIP)数据

室内设计原理/朱淳,张力编著.--北京:中国传媒大学出版社,2010.5(2025.7 重印)
ISBN 978-7-81127-886-6

Ⅰ.①室… Ⅱ.①朱… ②张… Ⅲ.①室内设计—高等学校—教材 Ⅳ.①TU238

中国版本图书馆 CIP 数据核字(2010)第 058035 号

室内设计原理
SHINEI SHEJI YUANLI

编　　著	朱　淳　张　力
责任编辑	阳金洲
责任印制	秦　英
封面设计	邓岱琪
出版发行	中国传媒大学出版社
社　　址	北京市朝阳区定福庄东街 1 号　　邮编:100024
电　　话	86-10-65450528　65450532　　传真:65779405
网　　址	http://cucp.cuc.edu.cn
经　　销	全国新华书店
印　　刷	北京中科印刷有限公司
开　　本	787mm×1092mm　1/16
印　　张	9.25+1(彩插)
字　　数	122 千字
版　　次	2011 年 1 月第 1 版
印　　次	2025 年 7 月第 6 次印刷
书　　号	ISBN 978-7-81127-886-6　　**定　价**　39.00 元

本社法律顾问:北京嘉润律师事务所　郭建平

前言

现代社会中，住宅居所、工作环境、商业空间和文化设施的环境质量，是衡量一个国家、地区或城市经济发达程度和文明水准的标志之一，建筑室内空间的质量由此受到更多关注。技术和文化的进步，对室内环境和艺术质量的要求也更加具体化、多样化。近年来，国家基本建设的持续投入，大量的住宅对装修设计的迫切需求；各种商业、办公和文化空间对室内环境更高的要求；大批城市博物馆的兴建、各种商业和文化类会展等，构成了对这一设计领域的社会需求。

作为综合技术与艺术领域的设计门类，室内空间与展示艺术设计近年来获得极大发展。几乎所有设置艺术设计专业的高校都有环境艺术专业、室内设计专业或展示设计专业的设置；其他层次的室内及展示设计专业更不胜枚举。大量社会需求和这一专业领域设计教育的发展，不仅逐步完善了设计学科本身，同时也对专业的教学提出了新课题和新需求。室内设计专业的教学领域正在不断拓展并向纵深发展：一方面除了建筑与室内空间本身，还包括室内设计的相关领域，如博物馆陈列设计、各类商业空间设计、文化娱乐空间设计；另一方面也包括室内环境设计的相关技术领域，如各类空间的陈设艺术、采光与照明、室内家具、室内声学、绿化配置及水、电、风等专项技术领域的设计教学也都在迅速普及。这些教学领域发展所带来的需求，除了对教学内容和教学方法的研究和改革，同时也包括对与该专业相关的高质量教材的需求，而本丛书的编纂正是适应了该学科发展的需求。

考虑到不同层次的教学与使用的需要，本丛书将“室内设计”与“展示设计”这两个在学科性质上有许多相近之处，同时在课程设置上有较多重合的专业门类合并在一起，使其构成一个较为完整，并能相互配合、互相印证的教材体系，这将有助于这些相关的课程之间在知识体系方面的完整，同时也有利于使用者按不同的教学要求和培养对象来选择相应的教材。

本丛书各分册在编纂上，以课程教学为主导，系统论述该课程的完整内容，同时突出课程的知识重点及专业的系统性，并在编排上辅以大量的示范图例、实际案例、参考图表及优秀作品鉴赏等内容。教材与附的各学科教学进程安排和课程练习（作业要求、作业步骤、作业数量、建议课时和作业提示）仅作为建议，各使用院校可根据各自的专业教学重点选择采用。

在编纂过程中，作者充分考虑到各分册之间在知识内容和教学深度方面的相互衔接、互为补充；同时为适应不断发展的学科领域，还将不断推出后续的各分册，希望能够为这一专业领域的学科建设提供一套系统、科学和优质的教材。

华东师范大学设计学院
朱 淳
2010 年 10 月

前言

目　录

目 录

第一章 室内设计概述

1. 人类的栖身之地

"室内设计"的历史是伴随着人类建筑的发展历史而展开的，寻根溯源是从解决人类的居住问题开始的。

已发现的最早的人类住所大概是距今约55万年前的北京周口店龙骨山岩洞，被原始人选择作为栖身之所的自然岩洞。

随着人类的进化，我们的祖先开始有能力择地筑房。使用粗制的石器采伐树木，借助树木的支撑，构筑简陋的窝棚，或摹拟自然，在黄土断崖上用木棍、石器或骨器掏挖一个人工的横穴，开始了原始的营造活动，诞生了最原始的人工的居住形式——巢居和穴居。因此，"巢"和"穴"是建筑萌芽时期的两种主要形式，其出现的时间，大约在旧石器时代晚期。

当时，人类赖以遮风蔽雨的居住空间大都是这种天然的岩洞、坑穴或者是凭借自然林木搭建而成的"窝棚"。这些主要依赖自然条件形成的居住空间毕竟不太舒适，人们总是渴望把自己的居住环境改造一番，以利于自身的繁衍生息。一旦最基本的生存需求得到了满足，其他方面的各种需求也会不断产生。随着生存危机的缓和，渴望更舒适的生活、显示更高的营造技能与更复杂的构造方式，于是，最早的室内环境的设计活动便开始了。并在这个过程中，达到自身更细致的情感等方面的要求就会变成对环境的新追求。同时原先对环境的基本需求也会要求以一种比先前方式更高层次的形式加以体现。

图1—1：岩洞是人类最早赖以躲避风雨与猛兽袭击的居住空间，岩壁上精美的岩画起到了很好的装饰效果。图为1.3万年前的西班牙阿尔塔米拉岩画洞穴。

图1-2：英国索尔兹平原上的巨石阵鸟瞰（约公元前400年～公元前2000年）。该建筑原为奉祀太阳而造的崇拜场所，是用整块巨石筑成的环形栏杆状墙垣，内部的一圈在竖起的巨石上，还横架着楣梁的巨石。

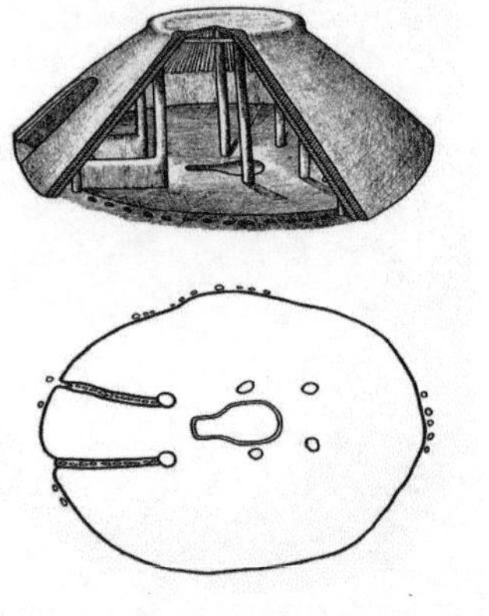

图1-3：半坡圆形房屋复原图。圆形房屋一般建在地面上，直径4～6米，内部有2～6根柱子，屋内前部地面挖有弧形浅穴供煮食与供暖。

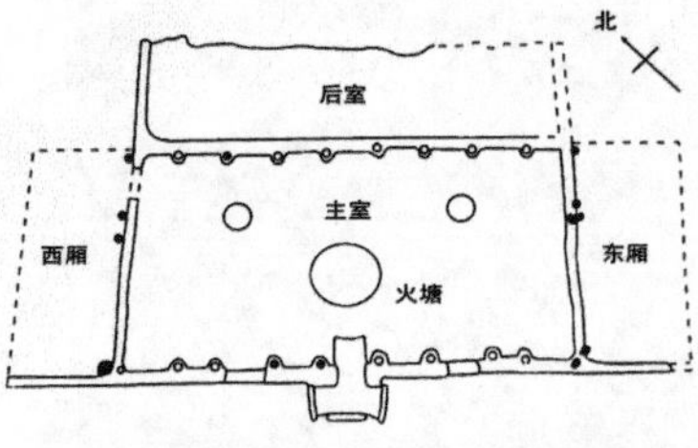

图1-4：我国甘肃泰安五营乡大地湾F901房屋遗址。该房屋平面布局以长方形的主室为中心，两侧辅以东西厢房，主室后面还有与之同宽的后室，布局井然有序，层次分明。

对生命背后的神秘力量的猜测，以及对这种力量强大威力的恐惧和敬畏，形成了原始的信念和艺术思维。在法国和西班牙洞穴中保留的壁画艺术中，我们就能切身体会到人类的这一本能和创造力。人类童年时期所作的“设计”显然是简单、幼稚的。

位于约旦河谷西侧的杰里科（Jericho）是人类最早的聚居点之一。它的历史可以追溯到新石器时代的早期，约在公元前9000年，以狩猎为生的原始先民便到达了那里，他们的后代便在当地长期定居下来。大约一两千年后，便出现了最初的农业，并形成了有组织的村落社区。村落中最古老的房屋的平面是圆形的，表明当时人们是依照游牧部落的帐篷来建筑最初的房屋的。但是，他们的建筑活动并没有给我们留下明显的建筑室内的痕迹，我们也无从得知他们的居室空间的情形。直到后来的一批新的迁徙者在原住民消失多年之后，来到了历史悠久的杰里科。

风沙、气候以及土壤的腐蚀作用，使这个较早的部落遗址完全被覆盖，后人也几乎不能辨认出原来的城墙和房屋。这些后来者一致的建筑风格，相似的家庭格局，都表明他们不是游牧部落，而是有着定居生活与丰富经验的人群。他们用泥砖修建矩形的房屋，泥砖是手工塑型，经日光晒干的，很像面包片的形状；他们用灰泥垒砌泥砖，在那个时代，是一个新发明，灰泥是用沙子、水与被加热的石灰石混合而成。杰里科的制砖工人，在砖的上表面印上一排排呈鲱骨形的拇指印。修建房屋时，建筑者将灰泥浇入凹印痕中，直到浇满溢出为止，然后在上面压上另一块砖，这样的墙体砌造方法比过去有了更高的强度。很明显，杰里科人已经具备了对室内环境进行设计的基本能力：作为细心的持家者，杰里科人用坚固的、表面坚硬的石灰石灰泥地面替代了原来的土地面，并把地面涂成米色或红色；灰泥地面与墙并不是成直角相接的，而是有一向上的、光滑的、曲线形的衔接处，这样灰尘和泥土就不会留在拐角处，使人能够用扫帚和皮刷彻底地清除灰尘和泥土。

因此，我们可能这样认为：这种基本的室内设计是一种人类创造自己生存环境和提高环境质量的活动。确切地说，应称之为室内环境设计。

随着人类改造自然能力的不断提高，人们对居住环境质量的要求也越来越高。室内环境设计的历史画卷也随之越来越斑斓多彩了。人类文明的发展，对室内空间的要求也越来越多样化了。

自从人类有了宗教活动后，就需要有宗教活动的场所，诸如圣殿、寺庙之类的空间；有了阶级差别后，就必然会产生不同等级的居室空间和从事社会活动的场所；人类要进行物质产品的生产与交流，就自然要求有各种各样的从事生产和商业活动的空间。

然而，人类的活动空间决不是简单的“容器”。在具有一定的空间营造能力之后，人类开始对空间提出不同的质量要求：要求空间有良好的通风、明亮的采光和照明、宽敞的居室、良好的隔音等。

除了满足生理基本需求的物理质量外，满足更为抽象的“精神功能”的质量要求也被提了出来。所谓满足“精神功能”的质量是指那些满足人们心理活动的空间内容：人们往往用“空间气氛”、“空间格调”、“空间情趣”、“空间个性”之类的术语来解释它。后者实质是一个空间艺术质量的问题，它与物理质量一起，构成了衡量室内环境设计质量的重要标准。

2. 室内环境的演变

与人类文明的发展进程一样，室内环境的设计也经历了从原始到现代、从低级到高级这样的过程，我们大体上可以分为三个主要的阶段来认识室内环境设计的历史发展演变。

早期，人类解决技术问题的能力和所拥有的物质财富极为有限。室内环境设计的成就大多体现在那些用于宗教礼拜、供奉偶像、祭奠先人的纪念性建筑空间上。历史上遗留下来的大量宗教建筑和墓葬的内部空间，大都是以其不近人情的尺度、震撼人心的规模，体现了那个时期的人们的室内环境设计的观念。从感情上讲，这种对漠视人生、崇拜神灵的纪念性室内空间的追求，离现代人的观念已经十分遥远。但是，从技术与艺术的角度来看，那个时期的室内空间在构造和处理手段上为后来的发展打下了基础。更重要的是，从室内环境设计的早期开始就体现出环境设计的艺术与技术紧密结合的特征。

其后，主张人生享乐的观念在室内环境设计中开始得到重视。在东方，特别是在封建帝王统治下的中国，宫殿、园林、别墅每每雕梁画栋、华丽异常。欧洲的文艺复兴虽然姗姗来迟，但此后的社会财富占有者们也后来居上。大兴土木，教堂、宫苑、别墅的内部空间奢华无比。这个时期的室内环境空间设计往往追求视觉上的愉悦，注重光影和动感效果，尤以欧洲文艺复兴之后的巴洛克风格为甚。特别是在眼睛可近距离观赏和手足可及之处，无不尽情雕琢，贵族们为了炫耀所占有的财富，为了满足感官的舒适，昂贵的材料、无价的珍宝、名贵的艺术品都被置入了室内空间。这一时期室内环境设计的作品精致、巧妙，大

图1-5、6：哥特式教堂尖顶内部与科隆大教堂内景。充分显示出其经典的结构特征——拱券和飞扶壁，二者巧妙地完成了力的传递，也同时赋予了建筑神的教化功能。

图1-7：由约翰·纳什设计的位于英国布莱顿的皇家宴会厅内景，建于1815年。以中央巨大水晶吊灯为中心的放射状屋顶壁画与下方长方形餐桌形成了空间上的呼应关系，恢弘而华丽。

图1-8：北京故宫博物院太和殿内景。殿中陈设精美，华丽的雕龙宝座，精工细雕的围屏、蟠龙藻井，极尽奢华地体现出皇权的至高无上。

图1-9：位于法国巴黎郊外的凡尔赛宫内部实景，反映出当时统治阶级极尽奢华的室内装饰倾向。

大地丰富了室内环境设计的内容，给后人留下了一笔丰厚的遗产。但是，在另一方面，那些反映统治阶层趣味的、不惜动用大量昂贵材料堆砌而成的所谓豪华的内部空间，也给后人植下了一味醉心于装饰而忽视空间关系与建筑结构逻辑的病根。

然而物质财富的炫耀并不能代替室内空间美形式的创造。少数统治者的趣味只能与他们的权力结合在一起时才能强加于社会，但并不能代表某一时代全部的艺术倾向。在工业革命到来之前的几百年中，世界各国民居建筑的室内环境设计也创造了众多的杰出作品。那些讲求功能，朴实无华的民居设计的艺术风格往往比那些达官贵人们百般做作的宫殿、别墅或亭台楼阁要实在得多。问题的关键在于双方对空间美的认识不同。民居建筑室内空间的创造者，那些没有留下记载的无名设计师和工匠们注意到了空间的实用性、虚实关系、渗透关系，也创造了许多室内空间的营造手法。他们的设计表明：人们的任何生存空间都不是孤立的，装饰手法只是空间关系的补充而不是室内空间设计的全部。合理地、充分地利用空间，提高单位空间容量的环境效益是创造室内空间的重要原则。他们的设计还表明：生活在地球上的人，不可能脱离自然；过分封闭、过度装饰的室内空间既不利于人的生存，也不利于创造健康的美学效果。

处于历史同一时期的东西方室内环境设计由于受不同文化背景、思想观念的影响，拥有迥然不同的装饰特点。这种差异不仅显示在整个室内陈设的差异上，还体现在所运用的具体图案、线脚、家具与绘画等诸多方面。

近代，工业革命的到来，开拓了现代室内环境设计事业发展的新天地。钢、玻璃、混凝土、批量生产的纺织品和其他工业产品，以及后来出现的大批量生产的人工合成材料，给设计师带来了更多的选择可能性。新材料及其相应的构造技术极大地丰富了室内环境设计的学科与内容。现代室内空间艺术的设计理论，随着实践活动的开展亦日趋完善。经过不断实践与摸索，人们终于认识到：良好的室内空间既是一种高品质的物质环境，也是艺术与技术结合的产物。生产力的发展，物质产品的相对丰富以及社会文化水准的提高，必然会影响室内环境设计的观念变化，同时也给室内设计带来更丰富的材料和更先进的技术手段。与之相应，人们对室内环境的要求也更加多样化和个性化，对室内环境设计的研究和实践也进入了一个更新的阶段。

工业化生产使现代室内环境设计发生了根本性变革，但趋同倾向同样不容漠视。

3. 现代室内设计的特点

从20世纪20年代开始，随着建筑设计在世界范围内的变革，新建筑所造就的新的室内空间与传统的室内设计传统产生了巨大的反差，一批勇于探索的建筑师、设计师也以富于创新精神的实践探索开创了现代室内环境设计的先河。经过近百年的发展和演变，现代室内空间的设计已经成为一门独立、完善的设计学科。同时，现代室内环境设计教育也在世界范围内得到发展。

从室内环境设计发展的历史中，我们可以认识到现代室内环境设计有下列主要特点：

(1) 现代室内设计讲求实用功能，注重运用新的科学与技术，追求室内空间“舒适度”，不再片面注重表面的装饰效果。

(2) 充分利用现代工业的成果，采用工业材料和批量生产的工业产品。在室内的装修过程中，越来越多地采用现成的工厂化生产的材料及成品，对手工艺技术的依赖程度越来越低。

(3) 追求个性化的空间质量，在技术条件允许的情况下，尽可能追求个性与独创性。

(4) 重视室内空间的综合艺术品质。注重营造艺术气氛的空间环境。

图1—10：钢结构与混凝土材料的问世使现代室内空间拥有了极为开敞和大跨度的特点，同时也使室内空间呈现出与建筑特点浑然一体的简洁风格。

图1—11：现代化装饰材料的不断推陈出新不仅使建筑空间与结构发生了重大变化，而且也使室内装饰的风格发生了根本性变化，这充分体现出室内设计是一门融技术与艺术为一体的综合性学科的特色。

图1-12：钢结构与大面积幕墙玻璃的运用使当代室内空间拥有了更为通透的视觉效果，这为室内与室外空间的渗透提供了前所未有的契机，它与用传统建筑用材构筑而成的室内空间相比，风格迥然不同。

本章重点与习题：

1. 试述人类在营造自己生存环境过程中的几个发展阶段。
2. 请分析室内环境设计在经历了过于追求表面装饰的阶段之后，又转向了哪一价值取向。
3. 请试从历史发展的角度，阐述现代室内环境设计的几大特点。

第二章 作为职业的室内设计

1. 室内设计的职业定义

建筑内部空间的设计与装修在中国有着悠久的历史，但室内设计作为一门职业，在中国的历史并不很长。室内设计师的职业标准的制定、从业资格的鉴定及职业资格的注册管理等，也是随着这一职业的社会需求不断地增长而出现的，并且不断地发展、完善。

由于世界各国对室内设计职业范畴的界定有所不同，室内设计师的职业定义也有所不同。如有些国家将室内设计师的职业纳入建筑师的职业范围内，称之为“室内建筑师”，也有些国家则将室内设计师的职业范围限定在装饰的范围内，称之为“室内装饰师”。在我国，随着大规模的住宅建设和其他建筑的出现，建筑设计与室内设计已经开始有明确的分工，国家也开始对室内设计的职业进行明确的规范和界定，并对其从业人员进行资格认证，以此规范室内设计的市场，保障室内设计专业的健康发展。

我国对室内设计师职业的界定，是指“运用技术和艺术手段，对建筑物内部空间进行室内环境设计，主要包括空间形象设计、室内物理环境设计、室内空间分隔结合、室内用品及成套设施配置等室内陈设艺术、室内装修进行设计的专业人员”。

按照国家职业标准，室内设计师应当通过相应的从业技能培训并取得相应的职业资格后才能从事与本专业相关的工作。目前国家职业资格共设三个等级，分别为：室内装饰设计员（国家职业资格三级）、室内装饰设计师（国家职业资格二级）、高级室内装饰设计师（国家职业资格一

图2-1、2：室内空间用途的多元化发展和材料的不断推陈出新对现代室内设计师提出了需不断融入新内容的崭新课题。

图2-3、4：一则索尼爱立信的展位设计实景，通过上下两层动静分区，同时也为展位形式的创新带来了可充分发挥想象的空间。

级）。不同等级的室内设计师有不同的工作内容和职业能力要求。以室内装饰设计师（国家职业资格二级）为例，其所需具备的职业能力特征如下：

职业功能	工作内容	技能要求	相关知识
一、设计创意	（一）设计构思	能够根据项目的功能要求和空间条件确定设计的主导方向	1. 功能分析常识 2. 人际沟通常识 3. 设计美学知识 4. 空间形态构成知识 5. 手绘表达方法
	（二）功能定位	能够根据业主的使用要求对项目进行准确的功能定位	
	（三）创意草图	能够绘制创意草图	
	（四）设计方案	1. 能够完成平面功能分区、交通组织、景观和陈设布置图 2. 能够编制整体的设计创意文案	1. 方案设计知识 2. 设计文案编辑知识
二、设计表达	（一）综合表达	1. 能够运用多种媒体全面地表达设计意图 2. 能够独立编制系统的设计文件	1. 多种媒体表达方法 2. 设计意图表现方法 3. 室内设计规范与标准
	（二）施工图绘制与审核	1. 能够完成施工图的绘制与审核 2. 能够根据审核中出现的问题提出合理的修改方案	1. 室内设计施工图知识 2. 施工图审核知识 3. 各类装饰构造知识
三、设计实施	（一）设计与施工的指导	能够完成施工现场的设计技术指导	1. 设计施工技术指导知识 2. 技术档案管理知识
	（二）竣工验收	1. 能够完成施工项目的竣工验收 2. 能够根据设计变更完成施工项目的竣工验收	
四、设计管理	设计指导	1. 能够指导室内装饰设计员的设计工作 2. 能够对室内装饰设计员进行技能培训	专业指导与培训知识

2. 室内设计师的技术素质

室内环境设计的工作性质决定了室内设计师职业素质的基本内容。室内空间是艺术化的物质环境，这种空间的设计必然要了解它作为物质产品的构成技术。同时，也要懂得它作为空间艺术的创作规律。不切实际的、无视构造技术的设计只是纸上谈兵的空想图画。同样，缺乏艺术修养的空间设计并不能提高空间的质量，也达不到室内环境设计的目的。所以室内设计师大量的工作与其相应的职业修养都应该集中到艺术与技术的结合点上来。

作为合格的室内设计师，首先应当具备相应的艺术修养和艺术表达能力。室内环境设计要求设计者有良好的形象思维和形象表现能力，能快速和清晰地表现所构想的空间内容，以及有良好的空间意识和尺度概念。同时，也要求设计者要熟悉生活，了解各种适用的工业化产品，并及时、准确地记录与设计有关的资料，快速地表达他的设计意念。因此，室内设计师的职业素质与绘画能力有着较密切的关系。室内设计师绘画所表现的内容主要是与空间尺度、人的行为以及相关的工业产品有关。在实际设计中，体现设计师创作水平的最终还是处理技术问题的能力和创

图2-5：巨大的钢结构与绘有图案的幕墙玻璃显示出建筑结构与装饰的完美结合，室内环境设计的过程就是一个始终处理和协调这二者关系的过程。

造空间艺术形象的技巧。室内设计师的绘画基本功主要是以辅助设计，表现设计意图为基本目的。当然，作为一种职业修养，绘画能力的提高除了对设计业务有直接帮助之外，也能通过绘画实践间接地加强自身的视觉艺术修养。事实证明，不少出色的设计师都得益于此。

除了设计的表现技能之外，更为重要的就是设计本身了。其中最为重要的部分就是构成室内空间的技术问题。其中最主要的则是对建筑结构知识的了解；对建筑力学知识的掌握；以及对结构和构造技术的熟悉。在实际工作中，室内设计师接触得较多的是建筑的内部构造和细部装修构造等问题。所以，掌握一般的构造知识并不难，难在能“举一反三”，不断探索如何创造性地使用传统材料，如何迅速发现并熟练地运用新型材料。在很多情况下，建筑原有的结构形式、主要建筑材料和基本的构造手段对室内设计师有较大的限制。在技术问题上，高明的设计师往往能从艺术的角度来处理结构和构造问题，用令人意想不到的手段创作出新颖的室内空间。

除了与材料、结构、构造有关的技术问题之外，还有一个与追求室内设计“舒适度”有密切关系的室内环境气候问题，即在室内设计的过程中应用“声、光、热”等建筑物理方面的技术的问题。

在人们日常的生活、工作室内环境中，声学质量问题常常被忽略，但在许多场合下，声学方面的矛盾有时表现得十分尖锐。在有较高视听要求的内部空间中，对室内混响时间的控制，对合理声学曲线的选择等技术问题若处理不当，会直接影响室内空间设计的物理质量。在一些私密性要求较高的生活、工作环境内，室内设计师更多关心的是隔声问题，也就是用各种技术的手段，来阻断噪声的传递，并达到理想的声学标准。而在实际设计中，各种技术设计的不合理、建筑材料的不合格、施工质量的问题，都会导致隔音效果不理想。例如，建筑师设计房屋时，没有对隔音问题有足够重视，出现设计失误；有些开发商为了节约造价，而选用了不合格的轻墙；对需使用专门的楼板垫层处理的楼板未采取相应防护措施；等等。还有下水管，以前采用的是铁铸管材，现在采用的是造价低的塑料管件，水压越大噪声就越大。而室内设计师的一项重要的工作就是以各种可能的技术手段来解决、弥补这些声学的缺陷，从而创造一个良好的空间环境。

照明和采光历来就是设计师们十分关注的问题。许多设计大师都是以自己在采光和照明问题上的独特贡献闻名于世的。如法国著名的建筑师勒 · 柯布西埃(Le Corbusier)、

图2－6、7：任何一件完美的设计作品都是设计师艺术创造力与技术协调能力的综合表现，二者互为前提，共同构成衡量每一位室内设计师设计能力的重要条件。

技术素质是室内设计师极为重要的基本素质，它决定了众多物质产品最终能否结合在一起转化为现实的环境。

图2-8：利用建筑外的天井加设下陷的钢质伞状支架使自然光线充分地投入室内空间，从而成为室内光源的重要组成部分。

芬兰的建筑师阿·阿尔托(A Aalto)。他们都是现代设计史上运用自然光来创造优良室内空间的杰出大师。自然光不仅能满足人的生理要求，而且是重要的空间造型艺术媒介。同样人工照明也不是单纯的物理问题，与自然采光一样，对室内空间的艺术效果影响极大。

对室内光环境的设计，既包含需要解决的功能问题，又直接与室内的色彩、气氛密切相关。因此，设计师们的作用不能只限于解决光源、照度和照明方式等一般的技术问题上，而且要具有对光环境和光造型敏锐的感受力和创造力。

采暖、通风、制冷等技术，与室内物理环境的质量有着直接的因果关系。这类技术问题会因建筑所在地区不同、建筑等级不同和室内空间用途不同，而具体的要求也不同。虽然这类问题在设计中会由其他专门技术工种来解决，但是，基本的功能要求、设备和管道对空间要求等，室内设计师也必须做到在设计时“心中有数”。

在现代社会的城市化过程中，建筑的类型日益增多，室内设计师在工作中涉及的设备问题越来越多，也越来越复杂。室内空间的创作所面临的技术问题，随着社会的发展日趋复杂，设计师的技术知识积累就不容忽视地成了自身的职业修养。在现代社会里，仅用一般艺术家和装饰工作者的要求来培养室内设计师是无法满足实际工作需要的。

3. 室内设计师的艺术修养

室内设计师职业素养的另一个重要部分，是空间造型的艺术修养问题。室内空间艺术形态的审美内容不能简单地用形状、色彩、肌理等一般美术语汇来加以概括。空间艺术的质量主要取决于空间关系的处理水平。空间关系并不是完全抽象的。人们在某种特定的空间中所从事的特定活动制约着空间的构成关系。例如，连续性动作或者近似的动作要求空间的连续或排比关系；间断性或私密性活动则要求空间的隔离或封闭关系；现代工业化生产方式提出了模数化空间组织原则；室内空间的综合性功能要求提出了空间组合的主从关系；甚至特殊的几何形态和空间序列；等等。因此，从事室内环境设计就必须掌握一套描述各种空间关系，适应形形色色人类活动要求的空间形态的设计语汇。而这种职业语言既是技术性的、功能性的，也是空间艺术性的。

图2-9：用内置荧光灯管货架分割建筑空间，给原本多以平面构成的室内空间增添了一份灵动、流畅的视觉感受，透过乳白色树脂材料，光源显得柔和而浪漫。

解决空间的组合关系，是室内环境设计最为重要的过程，犹如雕塑的创作，有了基本框架或大体轮廓，要进一步完善作品尚须有做“深入”工作的能力。设计进入了深入阶段，主要矛盾转移到空间关系的进一步调整和深入细部的设计中去。空间联系是靠许多构件来完成的。这些构件之间的联系又得靠许多的节点来体现。所以大小节点的艺术处理在设计深入阶段时就变成了很敏感的空间的造型艺术问题。通常的构造技术知识只能满足做节点的合理性需要，但不可能取代设计师在处理节点造型问题上的必要的抽象的造型艺术修养。所以，设计师又不得不从造型艺术的角度来研究抽象的空间形式美的原则。甚至在其他的艺术门类中吸取营养，从材料、构造以及所产生的视觉效应各方面来综合地研究与室内环境设计有关的形式语言。

室内设计艺术是空间的艺术，只从平面装饰的观念出发显然是有局限性的。20世纪初，欧洲的设计师提出过“装饰就是罪恶”的口号，虽然有些偏激，但也不无道理。在室内空间，人们是按每平方米为单位来体验空间效果的。放过任何一点、一线、一面都有可能影响内部空间的视觉艺术质量。因此，掌握必要的装饰手段也是设计师完整地塑造室内空间所必要的专业素质之一。必须认识到的是：平面装饰手段更多地涉及表面的空间内容，它只能从属于、服务于空间构成关系本质的、深层的设计内容。

室内设计师的专业素养还涉及趣味倾向问题。而趣味问题往往因人而异，由于历史条件、所受教育、种族和地位的不同，人人都会有自己的审美趣味。这种在审美趣味上的差异存在几乎是绝对的。在很多情况下，尤其是公共空间的室内设计中，这种趣味的差异常常会使设计师在众说纷纭之下，莫衷一是。公共空间的室内设计不可能像量体裁衣那样简单方便。绝对不可能为追求个性而耗资成千上万。客观上，人人都满意的设计是不存在的。所以，设计师必须善于把握趣味问题上的主流性倾向，较客观地来研究包括自己在内的不同人的审美心理，然后找出共性，提出切合实际的为多数人所能接受的设计主张。任何一种健康的审美趣味都是建立在较完整的文化结构之上的。因此，文化史的知识、行为科学的知识、市场经济状况的调查与研究等，就成为每个室内环境设计师的必修课了。

与设计师艺术素养密切有关的还有一个大问题：设计师自身的综合艺术观的形成。各种艺术门类的大门是相互敞开的，我们很难区分浮雕、壁雕、壁饰作为室内空间构件处理时的界线；很难在内部空间和造型构成与现代雕塑之间寻求本质上的区分；我们甚至很难在装饰画与壁画之间、镶嵌画与墙面装修之间找出工种的差别。新的造型媒介和艺术手段使传统的艺术种类相互渗透。室内环境设计又使各门艺术在一个共享的空间中同时向公众展现自己。

图2—10、11、12：借红灯笼造型演化而来的酒吧凳与琉璃装饰的吧台很好地传递出了餐厅主题，它主要是基于传统文化与现代生活的契合，这已成为当代室内环境设计的一个主流方向。

艺术修养与技术素质是体现一名合格的室内设计师专业素养的两个互不可分的方面。它同时也承载了时下人们对精神审美的更高追求。

基于这样一个现实，室内设计师与其他艺术家的“对话”就显得十分必要了。合乎逻辑的结论则是：室内设计师不能是其他艺术门类的外行，要努力学习其他艺术的造型语言，以便创造共同和谐的工作气氛，设计出有综合性艺术风格的空间艺术作品。

总之，室内空间是大空间中的小空间，是大环境中的小环境，同时也是建筑界相对于自然的内侧空间。室内环境设计与外部空间、庭院、绿化、陈设艺术品，以及日用工业产品等，关系都很密切。室内环境设计艺术与技术综合的特点、室内设计与其他门类艺术之间相互渗透的综合艺术特征，决定了室内设计师的专业素养的全部内容。室内环境设计是一个知识覆盖面较广的学科，成为一个称职的室内设计师要经过相当长的学习和实践过程，因此学习的方法是很值得研究的。

4. 室内设计的学科基础

一个合格的室内设计师，除了具备充分的艺术修养和相应的建筑及技术知识外，还必须充分了解与设计对象密切相关的使用者，即室内空间的使用者的基本生理行为规律和心理行为变化规律的知识，以及一些与室内设计相关的其他学科知识，并且能在设计实践中恰当地运用这些知识，才能够称得上是成熟的设计师。综合起来，这些相关的学科知识主要是以研究室内环境的使用者生理和心理的学科领域，它们包括人机工程学和环境心理学等。

图2-13、14：不同的室内空间类型往往需要用不同的手段去控制室内的噪声、空气质量与温度等因素，它们之间的差异是使人产生不同心理反映的主要来源。

(1) 人机工程学

人机工程学，在美国称之为“人类工程学”（HUMAN ENGINEERING）、“人因工程学”（HUMAN FACTORS ENGINEERING）；在欧洲有人称之为“ERGONOMICS”；日本称之为“人间工学”；我国目前除使用上述名称外，还译成工效学、人体工程学、人机学、运行工程学、人机控制学等。人体工程学的命名已经充分体现了该学科是“人体科学”与“工程技术”的结合。实际上，这一学科就是人体科学、环境科学不断向工程科学渗透和交叉的产物，它是以人体科学中的人类学、生物学、心理学、卫生学、解剖学、生物力学、人体测量学等为“一肢”；以环境科学中的环境保护学、环境医学、环境卫生学、环境心理学、环境监测技术等学科为“另一肢”；而以技术科学中的工业设计、工业经济、系统工程、交通工程、企业管理等学科为“躯干”，形象地构成了本学科的体系。从人机工程学的构成体系来看就是一门综合性的边缘学科，其研究的领域是多方面的，可以说与国民经济的各个部门都有密切的关系。在家务活动、休息及娱乐活动等室内设计范畴中，人体工程学研究是以创造出高效率、减少疲劳、有利于身心健康的高质量的室内空间为宗旨。显然，应用人体工程学原理和方法成为室内设计师所面临的一门新课题。

图2-15：人机工程学即是一门以人的尺度为标准来处理室内环境中所有构件与空间尺度的基础性学科，它的内容涉及方方面面，楼梯宽度、扶手高度、踏步面的宽度与高度的设定都属其中之范畴。

人机工程学研究内容及其对于设计学科的作用可以概括为以下几方面：

① 为室内空间设计中考虑“人的因素”提供人体尺度参数：应用人体测量学、人体力学、生理学、心理学等学科的研究方法，对人体结构特征和肌能特征进行研究，提供人体各部分的尺寸、体重、体表面积、比重、重心以及人体各部分在活动时相互关系和可及范围等人体结构特征参数，提供人体各部分的发力范围、活动范围、动作速度、频率、重心变化以及动作时惯性等动态参数。分析人的视觉、听觉、触觉、嗅觉以及肢体感觉器官的肌能特征，分析人在劳动时的生理变化、能量消耗、疲劳程度以及对各种劳动负荷的适应能力，探讨人在工作中影响心理状态的因素，及心理因素对工作效率的影响等。人体工程学的研究，为室内环境设计中全面考虑“人的因素”提供了人体结构尺度、人体生理尺度和人的心理尺度等数据，这些数据可有效地运用到室内设计的实践中去。

② 为室内设计中“家具”的功能合理性提供科学依据：如何创造与人相关的家具成各种功能的最优化，创造出与人的生理和心理功能相协调的“产品”，这是当今家具等产品设计在功能问题上的新课题。人体工程学的原理和规律将是室内设计师在设计中考虑的问题。

③ 为在室内设计中充分考虑“环境因素”提供设计准则：通过研究人体对环境中各种物理因素的反应和适应能力，分析声、光、热、振动、尘埃和有毒气体等环境因素对人体的生理、心理以及工作效率的影响程序，确定了人在生产和生活活动中所处的各种环境的舒适范围和安全限度，从保证人体的健康、安全、舒适和高效出发，为在室内设计方法中考虑“环境因素”提供了设计方法和设计准则。

图2-16：绿化能为空间带来无限生机，同时还能有效分割空间，图中一人多高的龟背竹隔离带不仅使办公空间形成了两块既有联系又相对独立的区域，同时还使人产生出一定的私密感，这与它所采用的高度密不可分。

(2) 环境心理学

环境心理学是研究环境与人的心理和行为之间关系的一个应用社会心理学领域，又称人类生态学或生态心理学。这里所说的环境虽然也包括社会环境，但主要是指物理环境，包括噪声、拥挤、空气质量、温度、建筑设计、个人空间等。

环境心理学是从工程心理学或工效学发展而来的。工程

人机工学与环境心理学作为室内设计师必备的两门基础性学科，充分体现出其理性与感性相互交织的两方面内容。

心理学是研究人与工作、人与工具之间的关系，把这种关系推而广之，即成为人与环境之间的关系。环境心理学之所以成为社会心理学的一个应用研究领域，是因为社会心理学研究社会环境中的人的行为。而从系统论的观点看，自然环境和社会环境是统一的，二者都对行为产生重要影响。虽然有关环境的研究很早就引起人们的重视，但环境心理学成为一门学科还是20世纪60年代以后的事情。

噪声是许多学科所研究的课题，也是环境心理学的主要课题，主要研究噪声与心理和行为的关系问题。从心理学观点看，噪声是使人感到不愉快的声音。对噪声的体验往往因人而异，有些声音被某些人体验为音乐，却被另外一些人体验为噪声。研究表明，与强噪声有关的生理唤起会干扰人体正常工作，但是人们也能很快适应不至于引起身体损害的噪声，一旦适应了，噪声就不再干扰工作。

噪声是否可控，是噪声影响的一个因素，如果人们认为噪声是他们所能控制的，那么噪声对其工作的破坏性影响就较小；反之，就较大。人们习惯于噪声工作条件，并不意味着噪声对他们不起作用了。适应于噪声的儿童可能会丧失某些辨别声音的能力，从而导致阅读能力受损。适应于噪声环境也可能使人的注意力狭窄，对他人需要不敏感。噪声被消除后的较长时间内仍对认识功能产生不良影响，尤其是不可控制的噪声，影响更明显。

图2-17、18：餐厅中往往利用餐桌构成一个个相对独立的就餐区，虽然它们彼此存在于同一个空间，但在人的心里却都具有相对独立的领域性。

从心理学角度看，拥挤与密度既有联系，又有区别。拥挤是主观体验，密度则是指一定空间内的客观人数。密度大并非总是不愉快的，而拥挤却总是令人不愉快的。社会心理学家对拥挤提出各种解释，感觉超负荷理论认为，人们处于过多刺激下会体验到感觉超负荷，人的感觉负荷量有个别差异；密度-强化理论认为，高密度可强化社会行为，不管行为是积极的还是消极的，如观众观看幽默电影，在高密度下比在低密度下鼓掌的人数多；失控理论认为，高密度使人感到对其行为失去控制，从而引起拥挤感。

处于同样密度条件下的人，如果使他感到他能对环境加以控制，则他的拥挤感会下降。一般说来，拥挤不一定造成消极结果，这与一系列其他条件有关。社会心理学家还研究诸如城市人口密度以及家庭、学校、监狱等种种拥挤带来的影响和社会问题。对拥挤与密度的研究还体现在室内设计中人与人之间交往、相处的空间距离与方式。建筑结构和布局不仅影响生活和工作在其中的人，也影响外来访问的人。不同的住房设计引起不同的交往和友谊模式。高层公寓式建筑和四合院布局产生了不同的人际关系，这已引起人们的注意。国外关于居住距离对于邻里模式的影

图2-19：相对独立成区的公众就餐区与小包间从功能角度而言，适合于不同人数的就餐群使用；从心理角度而言，它们也同时满足了人对私密性的不同需求。

响已有过不少的研究。通常居住近的人交往频率高，容易建立良好的邻里关系。

房间内部的安排和布置也影响人们的知觉和行为。颜色可使人产生冷暖的感觉，家具安排可使人产生开阔或挤压的感觉。家具的安排也影响人际交往。社会心理学家把家具安排区分为两类：一类称为“远社会空间”；一类称为“亲社会空间”。在前者的情况下，家具成行排列，如车站，因为在那里人们不希望进行亲密交往；在后者的情况下，家具成组安排，如家庭，因为在那里人们都希望进行亲密交往。

个人空间指个人在与他人交往中自己身体与他人身体保持的距离。1959年，霍尔把人际交往的距离划分为四种：亲昵距离，0～0.5m，如爱人之间的距离；个人距离，0.5～1.2m，如朋友之间的距离；社会距离，1.2～2m，如开会时人们之间的距离；公众距离，4.5～7.5m，如讲演者和听众之间的距离。人们虽然通常并未明确意识到这一点，但在行为上却往往遵循这些不成文的规则。若破坏这些规则，往往引起反感。

空气污染对身体健康的影响早已引起人们的注意，但其心理后果却刚刚引起重视。1979年罗顿等人的研究表明，在某些条件下，空气污染可引起消极心情和侵犯行为。

一些研究表明，温度与暴力行为有关，夏日的高温可引起暴力行为增加。但是当温度达到一定点时再升高则不会导致暴力行为而导致嗜睡。温度也与人际吸引有关，在高温室内的被试者比在常温室内的被试者易于对他人做出不友好的评价。

上述这些方面和内容都是环境心理学研究的课题，室内设计师也应当有所了解。

图2-20：餐厅中的噪声往往来源于多种环境因素，但若将其控制在50～60dB却会对在1m范围内就餐的人产生很好的隔音效果，这有赖于人们对其科学的认识与控制。

室内设计是一门综合了建筑、人机工学等多门学科于一体的综合性学科，学习它不能仅仅局限于对其内部空间的认识，还应注重其与外部空间以及构成其空间的建筑界面、构造的相互关系，这将有助于我们始终保持整体的空间观念。

5. 室内设计的学习过程

室内环境设计是技术与艺术综合的学科。这就决定了设计师的专业知识范畴是多方面的。初学者有限的学习时间对于众多需要掌握的知识来说往往是杯水车薪，因此掌握正确的学习方法和路径就显得尤其重要。学习本身就是一种能力的潜在表现，虽说无捷径可走，但还是有走弯路和少走弯路之分的。如果方法对头，可以少走弯路。

学习室内环境设计仅从书本到书本是难以学好的。首先应提倡的学习方法是“外师造化”。所谓外师造化就是向现实学习，在实践中学习，向传统的室内设计遗产学习，向国外先进的设计成果学习。从事这类学习的主要方法是做好专业笔记，以文字或绘画速写的方式，形象地记录优秀的作品，特别是吸引你的地方。记录下自己的心得与体会，并标明所用的材料、实物的尺度以及所用的色彩。这样，年长日久自然会形成自己所拥有的庞大的资料库。必要时再加以分类、归纳，编成设计资料，一旦遇到设计课题，便可随时查阅，从他人的经验中一定会得到有益的启发。

要占有资料，并能化为己有。这对初学者来说，尤其重要的是掌握一定的绘画技能，包括用绘画速写的方式来记录、表达客观的内容。这里的绘画速写是设计师的速写，它的功能是资料性的，因此，要简单明了。有关设计资料所传达的种类信息，是绘画速写主要的表达内容。向大师的作品学习，采用其成熟的设计表达用法作为自己设计的开端，而后再迈开探索新路的步子，是提高学习效率的好办法。但是，外师造化的目的在于认识客观世界，开拓自己专业认识的视野，最终的目标还是为了创造出有个性的作品，以至形成自己独特的设计风格。

图2-21：受集成电路启发设计而成的电脑展示空间背景，恰到好处地与展品形成了内涵力上的呼应关系，主题鲜明而突出。

室内环境设计的综合性的艺术特征，对学习者提出了向其他艺术门类学习的要求。因为，了解其他艺术门类的创作特点，了解其材料、创作方法和制作过程，才有可能具备共同的艺术语言基础，从而开展艺术设计上的合作。更有意义的是，向其他艺术门类学习还能拓宽自己的艺术视野，如从传统绘画中线描的表现到画面意境的追求，从西洋绘画的明暗、色彩造型到物象的精神刻画，从民间工艺品的制作到现代工业产品的设计等，都能使室内设计师学习到多样而有效的表现手法，进而不断提高自己的造型艺术修养，为个人良好表达能力的培养、室内环境设计基础的奠定储备能量，再深入时就不会为解决上述问题而影响对主要问题的关注。

室内环境设计中，最需要关注的问题是内部空间关系的研究。首先要重视的是功能问题的分析。任何一个内部空间都要满足使用者提出的许多使用要求，科学地分析功能问题的方法是学习的重点。学会用图式的方法来作功能分析，既省时间又简明扼要。借助各种图形来分析功能比口头、文字上的探讨更有说服力，这对有条理地展开具体的设计程序具有指导意义。掌握室内空间使用功能的分析手段，目的在于抓住主要矛盾，弄清室内空间的主从关系。而更重要的是，使那些被分析的内在关系变成具体的空间关系。

室内设计师的工作所受的限制是很多的，在这个阶段，核心的学习任务是：在受到限制的情况下取得室内环境设计上的空间意境的创新。一般来讲，室内设计师受到的最大限制是来自于原有建筑中的一些不可变动因素。特别是在旧建筑的室内改建的设计活动中，原建筑结构必须得到完全的保留，而学问正是在于如何处理原有结构。对于初学者来讲，认识这种结构，学会借助原有结构去改造室内空间，从难入手，也是收益最多的学习办法。尤其是从事保护类建筑的室内空间改造，原有的一切建筑构件必须得到充分尊重，设计工作难度更大。设计师就不得不去研究旧建筑的空间体量、结构形式，去分析色彩效果，选择材料，去提炼空间符号，从而在整体上创造出一种谐调的气氛。

学习室内环境设计的另一有效的方法是参与建筑师的总体设计或是共同完成一件建筑作品。这也是我们主张的治学方法。我们认为建筑的内外空间是一个界面的两个方面。结合内外空间来综合地思考、安排不同尺度的建筑构件、材料、色彩以及室内陈设和装饰品，易取得完整的空间效果。这种从建筑入手，学习室内环境设计的方式是一种理想和有效的方法。但是，由于技术与艺术的分离，使许多从事室内环境设计的人很难找到这样的环境。如果现实条件不允许，初学者还是能设法通过自己的努力补上这一课，或者一开始就接触一定的建筑设计知识，这有助于在室内环境设计时始终保持清醒、整体的设计观念。

图2—22、23：二则风格迥异的室内空间体现出室内环境设计是一门基于熟练运用各技术手段而赋予不同场所精神与审美意趣的综合性学科，二者彼此依存，互不可分，为我们学习室内设计提供了良好教材。

室内设计专业的学习过程是紧张而又丰富多彩的，资料的积累、设计方法的研究、表现技巧的训练等，都需要一定的时间和经历，唯一的方法是从理论到实践的多次过程。图式的表达则是室内设计学习的重要方面，将我们所看到的、感悟到的、设想到的一切，都用直观的图形表现出来，是一种良好的职业习惯。室内设计的学习就从一种良好习惯的培养开始。

图2-24：具有海底世界般梦幻色彩的餐厅空间，是集合了对餐厅空间、功能、材料、声、光、热等众多因素综合处理后的成果，艳丽的色彩与图案显示出设计者的奇思妙想。

本章重点与习题：

1．职业的室内设计师在设计过程中，应具备哪两方面专业素质？
2．要成为一名合格的室内设计师应具备哪些学科知识？
3．在学习室内设计的过程中，应注重从哪几方面来提高个人的修养？

第三章 室内设计基本法则与手法

“法则”，在我们日常生活中的各个方面，在各行各业各个领域，都以各种方式存在着，它往往是人们对于某些在一定范围内反映一定客观规律的规则的总结或归纳，是一些需要遵循和可以信赖的规则。而对于室内设计来说，这种基本法则是指那些在设计过程中，能够为设计师在对设计对象进行辨别、判断、权衡和处置等过程中，提供一种形式上的指导依据的规则。

其实，这样的法则往往蕴涵于人类生活的日常规则中，与其说是人们制造或发明了这些法则，不如说是人们在长期的实践中发现了这些规则，或进行系统归纳，或进行理论叙述。这样的规则如何论证和阐发，表现着特定的时期、特定的文化环境下的设计者的理论能力和实践风格；这样的法则如何应用和实施，也取决于每一个设计师对于这些规则的认识程度和实践的能力。

而手法则是上述“法则”具体运用的方法。也就是说，这些法则是通过一些具体的设计手法体现在设计过程中的。这些设计手法的形成，也是设计师们在设计的实践中，对法则运用归纳和总结的结果。而对于大多数室内设计的初学者来说，这些设计的基本法则与手法，无疑是一种入门的向导和台阶，掌握这些设计法则和设计手法也是室内设计的学习者从必然王国走向自由王国的必经之路。

图3—1：学会运用各种手段来处理存在于我们生活各方面的“法则”，是体现每一个设计师遵循规律与如何运用规律的重要方面。

3-2、3：一切建筑空间的体量与尺度皆以人的尺度为标准，确定其维度空间的长、宽、高之比也皆是相对和难以用数字来加以统一归纳的。

1. 体量与尺度

建筑的“体量”是指建筑物在空间上的体积，包括建筑的长度、宽度、高度。建筑体量的大小对于城市空间有着很大的影响，同样大小的空间，被大体量的建筑围合，和被小体量的建筑围合，给人的空间感受完全不同。另一方面，建筑所处的空间环境不同，其体量大小给人们的感受也不同。大体量建筑在大的空间中给人的感觉不一定大，反之亦然。

而室内空间的“体量”则是指建筑内部空间的容积，它也同样具有长度、宽度、高度这些可丈量的三向维度。在一般情况下，室内空间的体量主要是根据房间的使用功能要求确定的。对于一般的公共活动来讲，过小或过低的空间将会使人感到局促或压抑，不适当的尺度感也会损害它的公共性。出于功能要求，公共活动的空间一般都具有较大的面积和高度。某些特殊类型的建筑如教堂、纪念堂或某些大型公共建筑，为了造成宏伟、博大或神秘的气氛，室内空间的体量往往可以大大超出一般使用功能的要求。尤其是一些纪念性建筑和宗教建筑等，都要求有巨大的空间，这里功能要求与精神要求是一致的。如人民大会堂的观众厅，要容纳一万人集会，从空间效果上要达到庄严、博大、宏伟的气氛。欧洲众多的哥特式教堂以其异乎寻常高大的室内空间体量，给人以深刻的印象。这些空间体量的确定主要不是根据功能使用要求，而是由精神方面的要求所决定的。对于这些特殊类型的建筑，所追求的则是一种强烈的心理上或宗教上的感染力。所谓建筑尺度，是指在不同的空间范围内，建筑的整体及各构成要素使人产生的感觉，是建筑物的整体或局部给人的大小印象与其真实大小之间的关系问题。它包括建筑形体的长度与宽度、整体与部分、部分与部分之间的比例关系及对行为主体——人

图3-4：在建筑长宽比不变的情况下，利用多层透空的共享空间将使空间的体量与尺度产生明显变化。

产生的心理影响。在此应特别注意的是，尺度不是尺寸，尺度不是指建筑物或要素的真实尺寸，而是表达一种关系及其给人的感觉；尺寸却是度量单位，如公里、米、尺、厘米等对建筑物或要素的度量，是在量上反映建筑物及各构成要素的具体大小。

一般的建筑，在处理室内空间的尺度时，按照功能的性质合理地确定空间的高度具有特别重要的意义，室内空间的高度，可以从两方面看：一是绝对高度——实际层高，正确地选择合适的尺度具有重要的意义。如果尺度选择不当，过低了会使人感到压抑；过高了又会使人感到不亲切；二是相对高度——不单纯着眼于绝对尺寸，而且要联系空间的面积来考虑。人们从经验中可以体会到：在绝对高度不变的情况下，面积愈大的空间愈显得低矮。

在复杂的空间组合中，各部分空间的尺度感往往随着高度的改变而变化。例如，有时因高大、宏伟而使人产生兴奋、激昂的情绪；有时因低矮而使人感到亲切、宁静；有时甚至会因为过低而使人感到压抑、沉闷，巧妙地利用这些变化而使之与各部分空间的功能特点相一致，则可以获得意想不到的效果。

在室内设计的实践中，建筑空间的体量往往是有限定或是固定的，这往往就要求设计师运用室内设计的一些手段，如采用不同的吊顶天花、选用不同层高的空间进行组合等，来改变或改善既有的空间尺度感，以达到改善室内空间状态的目的。总而言之，空间的体量与尺度的关系是一对矛盾的两个方面，两者相互依赖、互为制约，但在一定的条件下，通过恰当的室内空间的设计，运用合理的设计手法使室内空间的尺度感达到理想的效果。

2. 形态与空间

建筑设计中对空间的设计是决定整个室内空间形态的最基本的因素。不同的平面布置、各种立面的处理，都直接对室内空间的形态产生最直接的影响。不同的平面和立面的处理，产生的不同的空间形态，往往会使人对室内空间产生不同的感受。因此，在选择空间形态时，必须把使用功能要求和精神感受要求统一起来考虑，使之既实用，又能按照一定的艺术意图给人以某种特定的感受。一般来说，室内空间的形态在建筑设计时已经基本确定，而设计师则往往通过某些技术或艺术的手段来改善或改变室内空间的形态与比例。

最常见的现代建筑的室内空间，一般是呈矩形平面的长方体，空间长、宽、高的比例不同，形状也可以有多种多

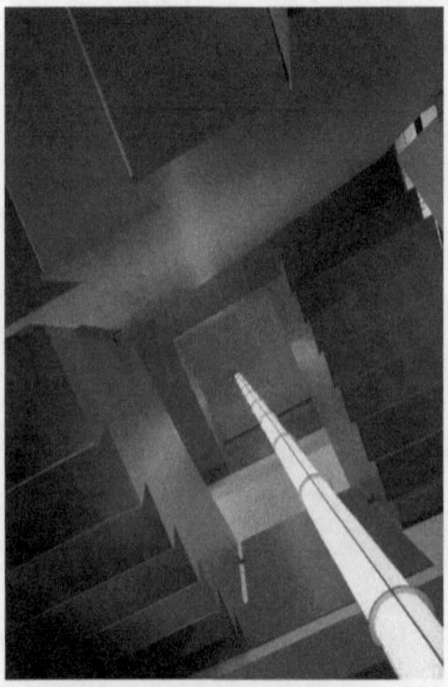

图3-5：层层交错的楼梯井使空间产生出一种纵深感极强的形态，同时又富有一种节奏美。

图3-6：由贝聿铭设计的香山饭店的室内庭院之堂春四合院，利用折线式的采光屋架为室内增添了富有韵律般的空间形态和视觉节奏。

图3-7：通过数个半圆形隔断的阵列将展厅划分出了一个十分具有视觉冲击力的过道，一方面形成了一种空间的过渡、导向作用，另一方面也借此突出了展示的主题。

样的变化。不同形状的空间不仅会使人产生不同的感受，如一个窄而高的空间，由于竖向的方向性比较强烈，会使人产生向上的感觉。竖向的方向感，可以激发人们产生兴奋、自豪、崇高或激昂的情绪。欧洲哥特式教堂所具有的又窄又高的室内空间，正是利用空间的几何形状特征，而给人以满怀希望和超越一切的精神力量，以使人摆脱尘世的羁绊，追求宗教的境界。一个狭长的室内空间，由于纵向的方向性比较强烈，可以使人产生深远的感觉。借这种空间形状可以诱导人们产生一种期待、寻求和引人入胜的情绪。中国的园林建筑中也常常用类似的方法来营造一种深邃的意境。

除矩形的室内空间外，为了某些特殊的功能要求，还有一些其他形状的室内空间，这些空间也会因为其形状不同而给人以不同的感受。例如中央高四周低、穹窿形状的空间，一般可以给人以向心、内聚和收敛的感觉；一般中间高两侧低的两坡落水的空间，往往具有沿纵轴方向内聚的感觉。弯曲、弧形或环状的空间，可以产生一种诱导人们沿着空间轴线的方向前进，从而使观众产生一种向心的、团聚的心理感受。这一类的空间形态常见于一些重要的纪念性建筑或宗教类建筑的室内空间，如古代罗马的“万神庙”、北京天坛的“祈年殿”等，这类建筑在营造一种宗教的虔诚气氛上具有独特的功效。

在进行空间形状的设计时，除考虑功能要求外，还要结合一定的艺术意图来选择。这样才能既保证功能的合理性，又能给人以某种精神感受。

3. 对比与变化

两个毗邻的室内空间，如果在某一方面呈现出明显的差异，借这种差异的对比，可以反衬出各自的特点，从而使人们从这一空间进入另一空间时在心理上产生突变和快感。空间的差异和对比作用通常出现在以下几个方面：

(1) 高大与低矮相毗邻的两个空间，若体量相差悬殊，当由小空间而进入大空间时，凭借体量之间的对比，使人的视觉和心理因突然开阔而产生强烈的印象。古今中外各种类型的建筑，都可以借大小空间的对比作用来突出主体空间。其中最常见的形式是：在通往主体大空间的前部，有意识地安排一个极小或极低的空间，通过这种空间时，人们的视野被极度地压缩，一旦走进高大的主体空间，视野突然开阔，从而引起心理上的突变和情绪上的激动和振奋。

图3-8：旧厂房通过改造，使用钢架与玻璃结合而成的阳光房在原建筑与外部空间之间形成了一个灰空间，这种处理手法使建筑外部与内部空间之间形成了一种对比关系。

(2) 封闭与开敞之间的对比。封闭的空间就是指不开窗或少开窗的空间，或视觉上有较多阻碍的空间形态；开敞的空间就是指多开窗或开大窗的空间，在视觉上有更多通透感觉的空间。前一种空间感受一般较暗淡，与外界较隔绝；后一种空间较明朗，与外界的关系较密切，当人们从前一种空间走进后一种空间时必然会因为强烈的对比作用而顿时感到豁然开朗。这一种手法的运用，尤以中国传统的园林建筑内部空间为最。

(3) 不同形状之间的对比。不同形状的空间之间也会形成对比作用，不过较前两种形式而言，它对于人们心理上的影响要小一些，但通过这种对比至少可以求得变化和破除单调。然而，空间的形状往往与功能有密切的联系，为此，必须利用功能的特点，并在功能允许的条件下适当地变换空间的形状，从而借相互之间的对比作用以求得变化。

4．节奏与过渡

两个以上的空间如果以简单化的方法使之直接连通，会使人感到单薄或突然，致使人们从前一个空间走进后一个空间时，印象十分淡薄。倘若在两个大空间之间插进一个过渡性的空间（如过厅），它就能够像音乐中的休止符或语言文字中的标点符号一样，使之段落分明并具有抑扬顿挫的节奏感。

过渡性空间本身可能没有具体的功能要求，它应当尽可能地小一些、低一些、暗一些，只有这样，才能充分发挥它在空间处理上的作用，使得人们从一个大空间走到另一个大空间时必须经历由大到小，再由小到大；由高到低，再由低到高；由亮到暗，再由暗到亮等这样一些过程，从而在人们的记忆中留下深刻的印象。过渡性空间的设置不可生硬，在多数情况下可用以安排辅助性房间或楼梯等，这样不仅节省面积，而且又可以通过它进入某些次要的房间，从而保证大厅等大空间的完整性。

某些建筑，由于地形条件的限制，必须有一个斜向的转折，若处理不当，其内部空间的衔接可能会显得生硬和不自然。这时，如果能够巧妙地插进一个过渡性的小空间，不仅可以避免生硬并顺畅地把人流由一个大空间引导到另外一个小空间，而且还可以确保主要大厅空间的完整性。

此外，内外空间之间也存在着一个衔接与过渡的处理问题。建筑物的内部空间总是和自然界的外部空间保持着互相连通的关系，当人们从外界进入到建筑物的内部空间时，为避免产生过分突然的感觉，也有必要在内外空间之间插进一个过渡性的空间，如门廊等，从而通过它把人很自然地由室外引入室内。

图3-9：用色彩形成走廊与地面之间的呼应关系，加强了这一过渡空间的视觉冲击力。

图3-10：螺旋楼梯不仅在功能上具有衔接上下两层空间的作用，而且在视觉上也为空间增添了一份富有弹性和不断环绕向上的韵律感，它与周边只以直线所构成的空间形成了对比。

图3-11：用玻璃作为栏杆的用材加大了空间的渗透性，与看似零乱的不锈钢柱子一起为空间平添了富有多元化表现力的空间层次。

一般大型公共建筑，多在入口处设置门廊。其实，门廊作为一种完全开敞的空间，从性质上讲，它介于室内外空间之间，并兼有室内空间和室外空间的特点，正是由于这一点，它才能够起到内、外空间的过渡作用。但也有不少情况下即使不设门廊，而仅用悬挑雨篷的方式，也可以起到内外空间过渡的作用，这是因为处于雨蓬覆盖上下的这部分空间，同样具有介于室内和室外之间的空间特点。

5. 层次与渗透

两个相邻的空间，如果在分隔的时候，不是采用实体的墙面把两者完全隔绝，而是有意识地使之互相连通，将可使两个空间彼此渗透，相互因借，从而增强空间的层次感，这种设计的手法就是我们常用的“空间的渗透”，它所造就的设计效果就是经常说到的“空间层次的丰富”。

中国古典园林建筑中“借景”的处理手法就是这种空间的渗透手法的最好例子。“借”就是把彼处的景物引到此处来，这实质上就是使人的视线能够越出有限的屏障，从这一空间而及于另一空间或更远的地方，从而获得层次丰富的景观。

图3-12、13：大面积的幕墙玻璃为室外与室内空间的渗透提供了极为便利的物质基础。这种渗透关系不仅包括视觉的渗透，还包含了光能与热能等物理性能的渗透。

西方古典建筑，由于大多采用砖石结构，一般都比较封闭，彼此之间界线分明，从视觉上讲也很少有连通的可能。西方近现代建筑，由于技术、材料的进步和发展，特别是由于以框架结构来取代砖石结构，从而为自由灵活地分隔空间创造了极为有利的条件，凭借着这种条件，西方近现代建筑从根本上改变了古典建筑空间组合的概念。以对空间进行自由灵活的“分隔”的概念代替了传统的把若干个六面体空间连接成为整体的“组合”的概念，这样，各部分空间就自然地失去了自身的完整独立性，而必然和其他部分空间互相连通、贯穿、渗透，从而呈现出极其丰富的层次变化。“流动空间”的理论正是对这种空间所作的形象概括。

这种“流动空间”的理论也对住宅建筑产生了不小影响，许多建筑师和室内设计师更是把空间的渗透及层次变化当做一种设计的目标来追求。他们不仅利用灵活隔断来使室内空间互相渗透，而且还通过大面积的玻璃幕墙使室内外空间互相渗透，有的甚至透过一层又一层的玻璃隔断不仅可自室内看到庭园中的景物，而且还可以看到另一室内空间，乃至更远的自然空间的景色。有些设计不仅考虑到同一层面内若干空间的互相渗透，同时还通过楼梯、夹层的设置和处理，使上下层，乃至许多层空间互相穿插渗透，从而获得丰富的层次变化。

6. 引导与暗示

往往在一些设计中，比较重要的公共活动空间由于所处建筑的功能、结构等方面的原因，显得地位不够明显、突出，以致不易被人们发现。此外，特别在一些展示性设计中，也可能有意识地把某些重要的空间置于隐蔽处，避免开门见山，一览无余。在这种情况下，需要对人流加以引导或暗示，从而使人们可以循着一定的途径而达到特定的目标，这种引导和暗示虽不同于路标，却属于空间处理的范畴，运用巧妙、含蓄的空间处理手法，使人在不经意间沿着一定的方向或路线从一个空间依次地走向另一个空间。

空间的引导与暗示法则的运用，归纳起来有以下几种手法或途径：

(1) 以弯曲状的墙面把人流引向某个确定的方向，并暗示另一空间的存在。这种处理手法是以人的心理特点和人流自然地趋向于曲线形式为依据的。它的特点是阻力小，并富有运动感。面对着一条弯曲的墙面，将会产生一种期待感——希望沿着弯曲的方向而有所发现，而在不知不觉中顺着弯曲的方向被引导至某个确定的目标。

(2) 利用特殊形式的楼梯或特意设置的踏步，暗示出上层空间的存在。楼梯和踏步通常都具有一种引人向上的吸引力，某些特殊形式的大楼梯、开敞的直跑楼梯、自动扶梯等，其吸引力更为强烈，基于这一特点，凡是希望把人流由低处空间引导至高处空间的，都可以借助于楼梯或踏步的设置而达到目的。

(3) 利用地面的铺装或天花图形的处理，暗示出前进的方向。通过地面铺装材质不同形成的图形；或由天花吊顶的造型处理，形成一种具有强烈方向性或连续性的图案，这也会左右人前进的方向。有意识地利用这种处理手法，将有助于把人流引导至某个确定的目标。

法则与手法互为条件，两者相互交叠才使室内空间具有千变万化的显性特性。能否和谐处理彼此的关系始终贯穿于设计的整个过程。

图3-14：运用荧光灯管设计而成的展厅吊顶，同样具有一种强烈的视觉导向功能，这表明能借以达到引导与暗示功能的组织手段是十分多元的。

图3-15：地面运用不同的铺装材料进行展区与通道间的划分，同样具有引导与暗示功能，这种手法通常在营业及展示环境中运用较多。

图3-16：利用渐变的手法设计的切面状背景，与吊顶连为一体，使整个空间焕发出独特的特质，这其中包含了设计师综合运用各种法则与手法的结果。

本章重点与习题：

1. 室内设计中常用的法则有哪几点？并说说它们的相互关系。
2. 请结合实例阐述空间体量与尺度两概念间的差别。
3. 以自己的切身体会举例说明在室内设计中运用引导与暗示法则有哪些可具体展开的手法。

第四章 室内设计的技术问题

环境科学研究的成果使人类能够理性地解决室内环境设计中遇到的种种技术问题，对于设计者来说，关键在于如何将科学研究的成果运用于室内环境设计的全过程之中。

与一般的设计相比，室内环境的设计有许多独特之处。首先，建筑是任何室内空间的基础；其次，技术手段的运用在这个基础上起着调节和改善室内环境的作用。所以，室内技术的设计是室内环境设计的一个重要组成部分。良好的室内环境，可以用具体的物理指标加以描述。有三门不同的学科共同关注这些问题，它们是室内光学、室内声学和室内热工学。这三门学科的研究成果构成室内技术设计的基础。

科学研究的目标是为了了解和发现未知的东西，而设计思维的目标是已知的一种理想状态。这种理想状态的确定，便是设计活动的起点。设计的过程就是利用各种手段来实现这一理想状态。室内技术设计本身的内容又可分为两部分：其一，研究与室内环境有关的种种技术手段并予以有效地运用；其二，以规范的技术语言把设计的成果表达出来。我们把解决室内技术的过程概括为三个步骤：室内空间的处理、材料与设备的选择及构造方式的设计。

图4–1：任何一个室内环境都必须以技术手段的有效解决为前提，声、光、热是其中最基本的三大内容，它往往需要设计师通过材料、结构等诸方面予以整体把握。

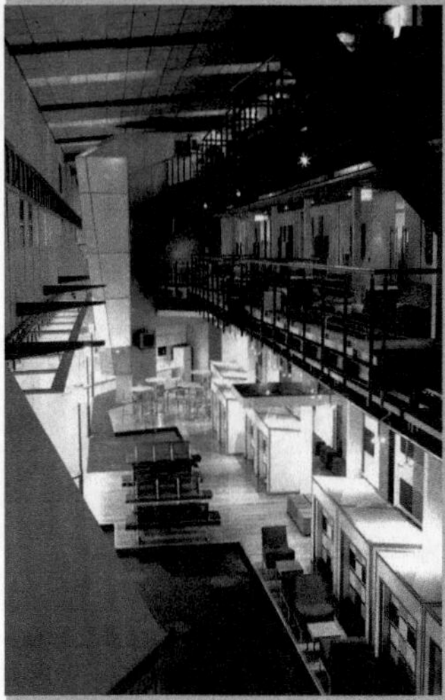

1．室内空间的技术设计

室内空间处理应注意避免任何可能的技术性缺陷。同时，通过空间处理还要达到协调室内声学、光学和热工学的不同要求，从而取得最佳效果的目的。其中光学问题主要涉及的是采光和照明，这一课题是室内设计中一个重点，故在本书中另设章节来论述。这里仅从声学和热工学的角度对下述问题作进一步分析研究。

(1) 声学设计

声源、传播媒介和听者这三部分共同构成了室内的声学环境。

通常，声源是一个以一定频率振动着的物体，我们用

图4-2、3：不同用途的室内空间往往具有不同的噪声处理指标，公共演出场所较小型室内空间总是要更具特殊性。

赫兹(Hz)为单位来度量这种频率，人们的耳朵能够听到在20Hz～20000Hz之间的声音频率。声音频率的高低通过声音音调的高低体现出来。低沉的声音振动频率低，尖锐的声音振动频率高。与声音的频率相关的另一个物理指标是声音的波长，在数值上它等于声音传播速度与声音频率之比。人耳能够听到空气中传播的声音，其波长在17mm至17m之间。声音除了音调上的差异，还有强弱的不同，我们用声压级来表示声音的强弱，它的单位是分贝（dB）。它说明在声波作用下大气压力的变化程度。通过一些我们熟悉的声源所发出的声音，可以建立起对于声压级的感性认识。声压级是对声音强度的客观度量。在声学设计中，我们用响度级来衡量人的耳朵对声音的主观评价，并以此作为设计的主要依据。人耳对不同频率的声音有不同的敏感程度，同样的声压级，频率高的声音听起来更响，而频率低的声音听起来较轻。因此，用声压级还不能直接反映出人耳对声音的主观感受，在室内声学中，我们用响度来衡量人耳对声音强弱的主观感受。在数值上，其响度级等于它的声压级，在低于1000Hz的频率段，响度级小于声压级的数值；高于1000Hz的频率段，响度级大于声压级的数值。在音质要求较高的场所，要有补偿低频声强的有效措施，利用现代的电声技术，能够取得良好的效果。

有了关于声学的基本知识，我们能够按照声学的原理方法来认识在室内设计中出现的声学现象：在室内空间中，声音有四种不同的传播方式，即吸收、反射、漫射和固体传播。其中，声音的反射传播遵循入射角等于反射角的规律，但只有在反射面的尺寸比声波的波长大的情况下，反射的现象才会发生，如同只有在光滑的表面上才会出现光反射的现象一样。这意味着反射定律对低频声音无效，这部分声音的能量被漫射到室内空间的各个部分，称为扩散声。室内声学环境分别由反射声、扩散声和直达声三部分组成，声音的方位感，主要取决于直达声和反射声。但对于低频声音来说，直达声和扩散声是声环境的主要组成部分。物体吸收的声能被转化成其他形式的能量而消耗掉，这就是声能的衰减。不同的材料有不同的吸声能力，采用同种材料对于不同频率的声音也有不同的吸声能力。

图4-4：香港演艺学院主剧场。室内以灰调为主，座位采用灵活的立体式布置方式，"悬浮"式的天花结构装饰，降低了噪声对表现效果的影响。

室内声学中，我们以材料对500Hz的声音的吸声能力作为计量的标准，用吸声系数来表达。我们所用的材料不具有百分之百的吸声能力，因此室内空间中的声能不会一下子就衰减到零。反射声和扩散声维持着室内声学环境的能量，所以我们听到声音总是慢慢地消失的。这种现象在声学中称为混响。我们把声音从停止发声到衰减60分贝

（dB）所需要的时间称为混响时间，如果室内空间中物体的吸声能力强一些，室内空间中的反射声和扩散声的能量就会小一些。这种室内空间的混响时间较短，反之则较长。人们总是希望室内空间有好的声学质量，简单地说，就是既要听得清楚，又要音质优美，这就要求声音有一定的响度、清晰度与丰满度。室内空间的吸声能力太强，过大的声能损耗会影响声音的响度和丰满程度，若室内空间缺乏必要的吸声能力，声音的多次反射又会淹没我们想听的声音，从而使声音的清晰度受到损害。通过控制适当的室内混响时间，才能达到有适当响度、清晰度及丰满度的音质要求。

图4-5：在室内悬挂壁挂既能装饰室内界面，又能有效降低噪声。与其他降噪手段比较起来，它更具可变性。

声音的传播速度与媒介的密度有关，密度越大，传播的速度越快；当声音在固体中传播时，速度比在空气中传播快好几倍。在现代的多层与高层建筑中，难免有机械的震动和撞击的声音，它们通过墙体和楼板迅速传播，成为室内噪声的来源。解决的方法通常是用加装减震层等设施来减少水泵之类的机械震动产生的噪声，同时，用加装能减缓房门开关速度的铰链来减少因开关房门引起的碰撞声。

室内环境设计中其他常见的声学缺陷有：由于声波往复反射而造成的震颤；由于声音沿周边反射或聚焦而形成的不均匀声能分布。前一种情况多发生于两个平行的室内界面之间，后一种情况多出现在圆弧形或抛物线形的室内空间。解决这些问题的根本措施是选择正确的房间体型。再对各个界面依其作用分别选用反射、扩散、吸声的材料或构造设计，以消除多余的声能，并使有效声能均匀分布。

不同的室内环境对声学有不同的要求。我们以公共餐厅的声学设计为例，来说明声音设计的原理。

餐厅不仅是人们进餐的场所，同时也是重要的社交场所和公众汇集的地方。在餐厅中，人们不但在“吃”，同时还在“说”。在餐厅里举办宴会、婚礼、总结会时，还常常会有演讲发言、音乐演奏和歌舞表演等。如果在室内设计时，声学环境被忽视，用餐者则在获得味觉和视觉的享受时，听觉却在遭受蹂躏。餐厅里人声嘈杂、噪声鼎沸，使人很不舒适，这样的声环境会严重干扰进餐者彼此间的交流，使人们听不清主持人的发言，听不清背景音乐，使就餐成为一件让人受罪的事。此外，餐厅的声环境还与餐厅的体形、装修等建筑声学因素密切相关。因而，科学地对餐厅进行吸声处理，可以大大降低餐厅的嘈杂程度，提高音质，改善用餐的声环境。

通过对餐厅声学的调研，我们发现，餐桌上的交谈，人们总是希望互相听清对方，但又不希望本桌上的交谈内容

图4-6：在餐厅中布置适当的包间有助于控制室内混响半径，这一方法同样值得我们与其他防噪措施一起共同进行思考。

被临近的餐桌听到。餐厅中嘈杂的声音对听清讲话是不利的，但对保障交谈的私密性又有帮助。因此，过于吵闹的用餐环境肯定是令人不愉快的，而安静得能清楚地听到别人的交谈也会有不舒适感。在中式餐厅中，主要问题是过于吵闹，几乎没有因过于安静而造成不舒适的情况。餐厅背景噪声在50～60dB时，可以发现，对1m以外的交谈者有很好的掩蔽作用，有利于私密性。当嘈杂声超过70～75dB以后，近距离也无法正常交谈，1m以内的交谈必须提高音量，1m以上时甚至需要喊叫。在背景噪声处于65dB左右时，为了保证正常的交谈，人们要么拉近距离，要么提高音量。根据以上分析，可以看出餐厅中比较理想的背景噪声水平应处于50～60dB，如果超过65dB时，我们将其称为背景噪声的“膨胀阶段”。

餐厅中的噪声情况与餐厅本身的噪声（空调、风机、器具、厨房传来的噪声等）、室内装修、用餐人数都有关系。餐厅营业开始时，室内噪声主要来源于设备噪声，形成稳定的背景噪声，多在大约50dB左右，背景噪声超过70dB时，餐厅经营者可能会考虑自行治理。从装修的声学条件来讲，理想效果是通过声学装修将餐厅室内噪声控制在舒适阶段，并尽可能防止出现膨胀阶段。吸声材料的运用可以降低房间表面的声反射，降低室内混响时间，进而降低嘈杂的环境声。但简单地在餐厅内加入吸声材料不见得就可以获得满意的效果。吸声过多，使餐厅常处于安静阶段，会使人有空旷、寂寥的无助感，不能获得温暖、亲切的舒适感。有一定量吸声，虽然对维持舒适阶段有一定帮助，但人数增加造成背景声级突破到膨胀阶段的65dB后，声环境会迅速恶化，进入持续阶段。虽然存在吸声处理，能够降低部分环境声，但是主要的声源是存在心理因素的人，持续的噪声依然会保持在75dB左右，吵闹的环境改进不大。

图4-7：餐厅的声源来自于多个渠道，合理的降噪措施将给在适当尺度中用餐的人们形成一定的背景，使他们的交流形成一组组互不干扰的小群体，因而噪声并不是完全消极的。

对于控制膨胀阶段的出现，餐厅在吸声设计时，要考虑房间的混响半径。混响半径以内，声音以直达声为主，混响半径以外，以混响声为主。没有室内隔断、缺少吸声的大房间混响半径较短。在混响半径以外，人们听到的是混响声，无法了解内容，听觉系统将其作为噪声处理，造成谈话音量提高。控制混响半径可以控制混响声的范围，控制膨胀阶段。混响半径受到餐厅体积、总表面积和房间总吸声量的影响，数值最好与餐桌的大小、座位的布置、用餐者所占面积等相适应。混响半径过小，人数较多时会出现严重的膨胀阶段；混响半径过长，远距离的讲话容易听清，使人不敢放声说话。

餐厅中最重要的吸声表面是吊顶，因为吊顶不但面积大，而且是声音长距离反射的必经之地。如果吊顶是水泥、石膏板、木板等硬质材料，声音将会衰减较小地反射到房间中的各处，形成嘈杂声。使用高效率的吸声吊顶，如穿孔铝板、矿棉吸声板、木丝吸声板等时，反射到其他区域的声音要少得多，远离讲话者的声级将迅速下降。除了吊顶能进行吸声处理以外，墙面吸声（如吸声软包、木质穿孔吸声板等）、厚重的吸声帘幕、绸缎带褶边的桌布、软座椅等都能产生有效的吸声。但与吊顶相比，其他部分吸声的面积偏小，而且受到各种条件的限制，比吊顶吸声的效果差一些。

在餐厅中加入矮墙隔断，有利于提高房间总表面积，进而使混响半径增长，也有利于阻挡部分直达声。矮墙隔断必须与吸声吊顶同时使用才会改善混响半径，进而减少远处传来的混响声，防止人群产生越来越高的嘈杂声。矮墙隔断设计高度在1.3m左右即可，与人们坐高接近，为了有良好的视线效果，矮墙隔断上部可以是玻璃或半镂空的。

餐厅较为理想的吸声处理指标是混响时间控制在1.5秒以内，如有节目演出的情况应尽量控制在1.2秒左右。对于面积很大的餐厅，混响时间可以长些，但建议最长不要超过2秒。混响半径的设计目的是防止出现嘈杂声膨胀式地增长，建议混响半径控制在2～3桌的距离尺度范围内。合理的吸声和混响半径设计可以将餐厅的声环境控制在膨胀阶段之前或初期，背景噪声低于60dB。

虽然用餐者的讲话声是餐厅中主要的噪声来源，有时厨房或设备的噪声也令人们烦恼。尤其是坐在送菜口或空调机附近的人们。在送菜口的通道出口处应设置一道门，如有可能，送菜通道应采用迂回形式，并使用吸声吊顶。另外选择低噪声空调、排风扇等设备，并进行弹性安装，有利于防止设备噪声或结构产生振动辐射噪声。

室内声学环境的设计是一项涉及多学科和多工种的技术设计，在进行对声学有较高要求的室内空间的设计时，如剧场、影院、会议室及高级餐厅等，通常还需要请声学方面的专家进行现场的测试及模拟等，以保证声学设计的效果达到理想的要求。

图4－8、9：织物不仅具有美化室内空间、柔化建筑生硬线条的作用，同时也具有吸声、降噪的功能，在现代餐饮空间中其所运用的频率正在与日俱增。

(2) 热工学设计

人们的生理调节能力使健康人的体温保持恒定，当环境的温度变化超出人体调节能力时，体温就会发生变化，这种变化不利于人体健康，超出一定限度时，甚至会危及生命。因此，室内的气温应当稳定在一定的范围之中。这就

控制噪声的手段多种多样，既可是吸音材料的填充，又可是合理的混响半径设置……设计师要学会综合运用这些手段，以实现声学环境的最优化。

图4-10：不同的材料具有不同的导热性能，作为职业的室内设计师，了解其外在观感是一个重要方面，对其物理性能的熟知也是其必备的一种专业技能，这将大大提高其设计作品的舒适度与合理性。

要求我们采取相应的技术手段，使室内环境与室外自然环境分隔开来。要处理好室内的热工学问题，必须对一些热工学的现象有一定的了解。

室内热的传播，热能以三种方式在室内传播：

① 辐射，就像阳光照射到物体上而使物体温度升高的情形；② 导热，就像隔着玻璃杯而杯中的开水仍使我们感到烫手的情形；③ 对流，被加热的空气由于风的作用或分子运动而散布于整个室内空间的情形。

影响室内热环境的因素主要有：

①发生在墙体、楼地层等围护结构中的导热现象；②发生在构件表面的热传递及冷凝现象；③发生在门窗及其他部位的开口和缝隙中的对流或辐射现象。

处理好室内的热工学问题，能够有效地改善室内环境物理质量，同时还可以节约能源。在寒冷地区，主要考虑的是保暖问题：一方面能使冬季里宝贵的阳光照入室内，同时要保证不让室内热量轻易地散失到室外空间中去。因此，要注意房间的朝向及开门窗的位置及大小，朝北尽量开小窗。在南方地区，主要解决的是夏季的通风和降温问题，在技术上要采取相应的隔热处理，组织好室内的通风系统，排除不受人欢迎的热量。

屋顶和墙壁是建筑中与自然环境最大的接触面，是室内外热传递的主要媒介，屋顶和墙壁保暖能力的大小是影响室内小气候稳定的主要因素。材料的导热能力有大有小，我们把导热力小的材料称为保温隔热材料，这类材料的导热系数通常在0.2以下。影响材料导热性能的主要因素是材料的孔隙率和材料的湿度。孔隙率越大，导热能力越低；湿度越低，隔热性能越好。因为不能流动的空气本身的导热能力很差，材料孔隙中的空气便成为最好的阻热材料。当材料的湿度增加时，一部分孔隙被水分填充，从而丧失了阻热的能力，根据这一原理，在墙体或屋顶中设置一定厚度的封闭空气间层，也能增加它们的阻热能力。在室内环境设计中运用保温隔热材料，能取得明显效果。例如，3cm厚的钢筋混凝土平板，能使内表面的温度降低到外表面的三分之一，若加上5cm的矿渣层，内表面温度能降低到外表面的十分之一。同样，在门窗的选用上，也应当尽可能地选用带有隔热层的材料，如采用带有真空隔热层的双层玻璃门窗能明显地改善门窗的隔热效果。

当内墙表面的温度低于房间内的气温时，空气中的水蒸气就会在墙体等表面冷凝。这种冷凝现象会污染墙面、恶化室内环境。为了避免这种现象，常常选择导热能力低的材料作为壁面材料，当室内气温上升时，壁面温度也随之上升，这样就能有效地避免冷凝现象的产生。在北方那些有采暖设施的房间里，更要注意到冷凝的问题。玻璃有一种特殊的热工性能：短波热辐射(如在可见光范围内的辐射)能轻易透过它，而像红外线这种长波热辐射则被阻挡。也就是说，太阳光能够透过玻璃进入室内，而室内物体发出的红外线辐射则很难透过玻璃散发到室外空间中去，这种特性称为玻璃的温室效应。利用这一特性，我们可以用玻璃来建造暖房、四季大厅等。但在夏季里，玻璃的这种特性会使室内温度升高。所以，在炎热地区采取有效的遮阳和通风措施是极为必要的。

图4—11：舒适优雅的用餐空间是协调技术与艺术两方面手段的最终产物，二者有机结合，为人们追求物质与精神的双重需求提供了充分保证。

2. 主要材料的种类

材料的选择也是室内设计中与技术设计有关的一项重要工作。虽然在设计中，设计师往往先按照设计的美学要求来选择材料，但材料应用的正确与否，将会影响到使用的功能、形式的表现及装饰效果的持久性等诸多方面。所以我们将材料的选择放在技术设计的层面上来讨论，希望能从科学的角度更好地选择材料。

材料的选择常常可以从其应用的部位分为这样几个方面：构造材料、表面装饰材料、技术功能材料等。

(1) 主要构造材料

主要指在室内设计中用以分隔空间、构成主要空间层面的材料。如作为分隔空间的墙体材料、隔断的骨架、木地板下的基层格栅、天花吊顶的承载材料（如轻钢龙骨）等。这一类材料可能在施工结束后都被其他材料覆盖或掩饰，但它在室内设计中起到非常重要的构造作用。因此这一类材料的强度、硬度、施工方式等就成为选择材料的主要因素。

图4—12、13：磨砂玻璃具有柔和透射光线的作用，图中用不锈钢支起的玻璃栏板使空间透露出既富现代感又颇具朦胧美的意韵。

(2) 表面装饰材料

这一类材料主要用其特性来修饰室内环境的各个部位。因此，除了它们应用于各个不同的部位外，设计师选择这些材料主要是依照以下几个方面进行：

① 材料的质地，指材料表面的粗糙程度或肌理，不同的质地会产生不同的装饰效果。

② 材料的光泽，指材料表面反射光线的属性，通常把有光泽的装饰材料称为光面，光泽特别强的甚至称为“镜面”材料，如大理石、花岗岩等石材，不锈钢板材等；把表面无光泽的称为“无光”或“亚光”，如各种釉面砖、油漆涂饰过的木材等。

图4-14：暴露式结构往往具有粗犷的结构美，它与其他表面贴符了各种装饰材质的界面相比往往独具特色。图中钢筋混凝土构成的梁柱网架既为建筑的结构体系，又是一种装饰手段。

③ 材料的纹理与花饰，许多装饰材料是以表面的纹理和花饰来体现其本身的特点的，如好看的木纹的木材、人造的木材贴面、石材、印花的釉面砖，各种纺织品面料等。

一般来说，建筑师并不愿意利用装修材料来掩饰建筑本身，而重视显示出材料的本身质地。所以从室内设计的角度来看，选择材料也应当充分发挥材料自身的特点，而不是去掩饰它，如木材优美的纹理应当用清漆类来涂饰，而避免用不透明的涂料来掩盖。但在大部分情况下，建筑本身的功能发生变化或有明显的缺陷时，室内设计应当通过选用合适的表面装饰材料来修饰、改善室内环境，来营造室内环境的艺术气氛。

(3) 技术功能材料

这一类材料在室内设计中与装饰的表面效果不一定有直接的关系，但对于室内环境的整体质量，尤其是舒适程度等物理指标有很大的影响，它们在改善室内的光环境、声学环境和创造宜人的温度、湿度等方面有直接的作用。选择相应的技术功能材料是室内技术设计中针对局部的物理缺陷而采取的对策。选择材料依据的是它们有关的物理指标。这类材料有如下几类：

① 光学材料，主要用于室内的采光和照明方面。大致可分为透光性材料和不透光性材料两大类。透光性材料又有整透射、半透射和散射三类不同的品种；不透光性材料亦有反射材料和半反射材料、漫射材料三类品种。利用透光材料，可以起到保护光源、导入光线或改变光源性质的作用。例如，在展览性的室内空间中，利用磨砂玻璃、乳白玻璃或光学格栅，使光源的光线漫射到陈列物品之上，使光线的能量均匀分布在较大的空间区域中，从而降低局部过高的亮度，以减弱眩光甚至消除眩光。光学材料的有关物理指标是反射、透射、反射扩散和透射扩散等系数。

图4-15：防噪措施往往是通过室内各界面的装饰材料进行掩盖的，从外表上看它并不直观，但对室内环境品质具有重要影响。

② 声学材料，主要用于改善室内的声学质量。这类材料有吸声材料、反射材料和隔声材料。吸声材料能够吸收有害的声能，它的物理指标是吸声系数，系数越大，材料吸收声能的性能越强。实际运用中的吸声材料大都是一些轻质多孔材料。吸声系数小的材料，具有较强的反射声音的能力，即为反射材料。反射材料可以充当反射面和扩散体的面层材料，实际运用中大多采用表面光滑的硬质材料。在室内环境设计中，需要加以隔绝的声音分为固体声和空气声。材料的容量越大，隔绝空气声的能力越强；材料的弹性模量越大，隔绝固体声的能力越强。

③ 热工材料，保温隔热材料是主要的热工材料，它们

导热系数应在0.2以下，并且有一定的可加工性。衡量材料热工性能的物理指标分别是导热系数、蓄热系数、比热和容重。主要的指标是导热系数。这类材料主要用在室内装修的墙体、天花等地方，作为阻断热源、保温的材料，实际运用中常常采用发泡类的塑料及其他中空的材料。

由于室内环境设计所涉及的技术要求很多，难以用一种材料来同时满足各方面的需要，因此，不同场合应选择相应的材料。而把各种材料很好地结合在一起，并且又能够体现作者的艺术构思，这就是有待于室内构造设计来加以解决的问题。

构造是指各种材料的结合方式，它又可分为结构型构造和装饰型构造。装饰型构造并不是说只以装饰美为唯一内容，结构的衔接也是其之所以存在的前提。

3. 工艺及构造设计

室内环境设计将涉及不同的性质材料的结合、不同结构部分的组合及各种附件的安装等。如何将各种材料按不同的设计要求组合成一个整体，这就是构造设计及施工工艺要解决的问题。

现代室内装修的施工工艺，除了沿用建筑施工的一些传统的方法外，大量采用了现代装饰材料工厂化产品的装配方式，对提高施工效率、改善施工条件和减轻劳动强度等方面有很大的改进。从施工的方法来看，大致可分为几类：

(1) 现场制作的方式

凡是在施工现场进行的整体成型式的做法，都属于这一类。这一类方法还可分为湿作业和干作业，前者指用水泥、石膏、各种灰浆等在现场进行施工的方法，常用的方法有抹、压、滚、磨、喷、刮及冲刷、斩剁和模塑成型等；后者指用木材、胶合板、其他型材等，借助一定的机械在现场进行施工的方法，常用的方法有锯、刨、钉、粘等。

(2) 粘贴的方式

指用特定的胶凝材料或灰浆等将工厂生产的具有一定规格的面层材料的成品或半成品附加于建筑物表面。主要有釉面砖、地砖、石质板材、壁纸、木质饰面及其他饰面材料，常用的工艺有粘贴、裱糊、镶嵌等方法。

(3) 装配的方式

指完全用干式的方法进行工厂化产品的装配工艺。一般适用的对象是工厂化生产程度较大，原则上可以拆卸的部件，如铝合金扣板、轻钢龙骨吊顶、压型钢板、异型塑料墙板、整体装配的塑钢门窗、成型门窗及与之配套的门、窗套、地板、线脚等。一部分的石材和木质饰面材料也属

图4—16、17：两则用不同装饰材料及施工工艺设计而成的室内空间。上图凸显构成主义风格，下图用金属马赛克贴附的钟乳石般柱子，使原本单调的建筑界面产生出生动的色彩变化，仿佛身处海底世界一般。

图4—18、19、20：不同的材料往往有不同的加工工艺与结合方式，作为一名合格的室内设计师不仅对其要有充分的了解，还要善于利用其结构的构造美来呈现独特的视觉美。

于这种方式。常用的工艺有钉、扎、搁、挂、卡等。

(4) 特定加工方式

除了上述几种常见的施工方法外，有时因设计中特殊的部分需要以特定的工艺来加工和安装，这一类的设计还常常涉及结构部件的构造设计。在有特殊要求的场所，施以特殊构造处理，也称为特种构造。这些在施工图的设计上都必须以图示的方式详细标明。在满足设计要求的过程中，除了考虑构造方式的合理、可靠外，还应当方便制作。在设计中可以用构造草图的手段来进行构造设计的研究和比较。

4. 常用设备与设施

在室内设计的过程中，常常会涉及一些与设计有关的设备与设施，主要有室内使用的给排水设施、卫生设备、电气设备、冷暖空调设备等。随着建筑与室内设计中的技术含量的提高，尤其是“智能化”概念的引入，各种电子设备与设施在室内设计中被广泛采用，自动化的信息控制和处理系统得到了迅速的发展。这些都要求室内设计师在设计过程中必须具备一定的知识，以保证这些设施充分有效地发挥作用。

从专业的角度来看，这些相关的设备与设施通常具有相当的技术含量，并通常由相关的专业人员设计安装。但从设计的角度来看，室内设计师必须具有相应的知识，才能保证在设计过程中正确使用设备与设施。一般情况下，这些设备与设施包括下列各项：

(1) 给水与排水设施

水是人们生活中不可或缺的物质。无论是住宅或其他用途的建筑，水的供应及污水的排放都是建筑设计过程中必须考虑的部分。同时在室内设计的过程中，与给水及排水有关的设施和设备也是设计师要考虑的问题。给水的设施与给水的方式有关。通常的给水方式有“水道直接供水”、“高层水箱供水”和“压力水泵供水”等几种。

与室内设计师设计有密切关系的主要是与用水有关的设备，如水槽、洁具、热水器、阀门（龙头）等。而排水的设施也与污水的种类及处理方式有关，如从大小便器中通过粪管排出的污水，从厨房水槽、浴室浴池和洗脸盆中排出的污水，从屋顶、庭院排出的雨水及需经特殊处理的从工厂和实验室等处排出的含有毒、有害物质的污水等。不同的污水及处理方式需要不同的设施及设计、安装方式。

在进行室内设计时，必须充分考虑到这些设施在安装、使用及维修过程中必要的条件，如在排水直管的长度达到一定标准时（如长度为管径的300倍时），必须设置检查井，以方便检查及维修；各种排水器具上必须设置水封或防臭阀，以隔绝来自排水管的异味和虫类。

水、电、暖工虽然在专业的室内设计团队中是有明确分工的，但作为总体设计不可缺少的一部分，也必须对其安装、布局知识有一定的了解，这才能有助于整体设计效果的实现。

(2) 供暖与空调设备

中国地域辽阔，气候变化极大。要创造舒适的室内环境，除了充分利用建筑的朝向、通风、保温材料等因素外，在许多情况下还要用技术的方式对室内环境进行供暖和空气调节。

北方城市冬季常采用集中供暖的方式，用蒸汽或热水为室内提供热源。而南方城市则主要利用以电为能源的空调设备调节室内温度。从空调设备的种类来分，主要有热源集中于一处再输送到各个房间的中央式空调及每个房间分设供冷供暖机器的分别设置式两种。

对于室内设计师来说，供暖及空调设备的设置与室内设计也有直接的关系。一般在设计中要充分考虑室内平面的形状、天花板的高度与形状。设置室内空调机一般注意下述几点：① 空调机的出风口应当安置在室内的中轴线部位，以使空气能均匀流动并避免家具的遮挡；② 如在较大的空间内采用中央空调，应能够分区使用以适应不同的用途和区域；③ 空调器的周围要留有一定的空间以便维修、清扫等。

(3) 其他电子设备

随着电脑网络及传感技术在建筑上的运用，建筑“智能化”日益成为现实。目前能够实施的智能化技术包括下列方面：

① 利用传感技术对各种室内设施和设备实施监测、表示、控制等。如电表、燃气表的自动抄报；燃气泄漏的报警；空调、锅炉及照明灯具的控制等。

② 防盗、防灾等安全保障设备。利用电脑自动监控、感应、报警等设备，可以在建筑内实现安全防范的多重设置，以增强室内空间的安全性。

③ 通讯与网络技术的运用，使室内的自动化程度大大提高，并可实现远程的控制。电话与内部对讲机为工作和生活提供了许多方便；而电脑及网络技术则是办公自动化必不可少的前提。另一方面通讯技术及电脑网络也为室内环境质量的提高提供了许多可能性，因此，在设计时应当为电脑网络预先设置足够的接口并为布线提供方便。

图4—21：电子信息技术的发展使各种电子设备成为了室内设计的重要一员，它们的出现为我们的生活提供了极大的便利，同时也提出了更多的技术性要求。

图4-22：技术的发展为空间形态的变化提供了巨大的支持，它集材料、构造、色彩、人体尺度、声、光、热等因素于一体，是一种综合碰撞、相互共生的整体形态。

本章重点与习题：

1．室内设计中应注意协调的技术手段有哪些？
2．试从室内设计工艺构造的角度，阐述施工工艺的类型。
3．从实际生活的角度，举例说明我们日常生活中常用的室内设备与设施。

第五章 人体工学与室内设计

1. 人体工学及其发展

人体工学（Human Engineering）是一门把人体测量学、生理学、心理学和生物力学等作为研究手段和方法，综合地进行人体结构、功能、心理以及力学等问题的研究的学科。其研究的主要内容是人与机械及环境之间的关系，又称人类工程学、人机工学、人间工学或工效学（ERGONOMICS）。

该学科起源于欧美，作为一门独立的学科，它始于20世纪50年代。但从人们对人体尺寸开始感兴趣并发现人体各部分相互关系时，这一历史又可追溯至2000年以前。公元前1世纪，罗马建筑师维特鲁威（VITRUVIAN）从建筑学角度对人体尺寸所作的较完整的论著——《建筑十书》成为了西方古代保留至今唯一最完整的古典建筑典籍，而后一大批建筑学家、数学家和艺术家又纷纷对人体尺寸进行了长达几个世纪的研究，但大多只停留在美学角度，并没有考虑其对工作和生活环境的影响。直到1940年前后，在英国工业革命的爆发所带来的工业生产迅速向机械化和自动化转型的大背景下，人们才开始迫切意识到对人体测量学知识及其数据的掌握将有助于人与机械关系的协调，这门学科才由此从理论学科转到应用学科。此外，另一个重要原因即为“二战”的爆发，由于当时的美国军方急于取得战争胜利，过于注重武器的性能和威力，而忽视了对使用者能力与极限的关注，因而最终导致器械操作不灵活、命中率低、意外事故频发的结果，以及由此所产生的对如何提高作战人员战斗效率、减少士兵疲劳度，如何使人能更安全、更自由、更正确地使用器械等一系列有效方法的极

图5-1：人机工学不仅决定了建筑的尺度，而且还决定了室内家具与整个室内空间的关系，它是衡量室内空间布局是否合理、尺度是否宜人的重要指标。

图5-2：用红色线条围合而成的灰空间给人以明确的视觉导向性，这种感觉有赖于人体本身所具有的基本生理特征而被感知，它们是人体获取外部环境信息的前提。

图5-3：不同的性别、地域、年龄有不同的人体尺度，以此为前提不断细化我们的设计是人类不断改造世界、以满足自身需求的重要体现。

大关注更是推动了它在军事工业上的应用。战后，人们更意识到将其运用于空间技术、工业生产、建筑设计以及生活用品等各领域的重要性，如何依据对人的了解来进行设计，让机械适应人的要求，让生活环境更好地满足人们对舒适性、效率性、便捷性和安全性的更高要求将是一门随着时代的变迁而不断需要深入发展和研究的学科。

可以说，自人类及人类文明诞生之日起，几千年来漫长的造物史就始终是一部以不断改进生活质量和生产效能为目标的奋斗史。尽管在远古时代人们还没有形成像今天这样完备的科学研究方法，但从古人类所用的粗糙的打制石器与后期较为精美的磨制石器的比较中，就足以看出这一潜在的萌芽。发展至今，人体工学更是渗透至与人们衣、食、住、行及一切生活、生产活动相关的众多领域，成为推动人类不断以人自身为中心、改进器物与生活环境、更好地服务于人的专业知识。作为一门独立学科，它在美国、德国、日本等国家的发展已较为成熟，我国自改革开放后也相继将其纳入了国内各大艺术类院校设计专业的基础教学，成为推动我国当前设计产业迅速发展的一大技术支撑。

2. 人体的生理特征及人体测量

(1) 人体生理特征

人体的生理特征是指人体依据五大感觉器官——眼、耳、鼻、舌、身所产生的相应的听觉、视觉、嗅觉、味觉和触觉来接受外部世界刺激的感知觉，以及在室内空间中与人的具体活动有关的肢体活动范围、动作特性和体能极限等人体因素。这些特征是伴随着人的生存与活动，与生俱来的一种生物特性与生理需求，是人赖以生存并与环境空间的尺度间产生彼此联系与信息反馈的基础。了解它们将有助于我们对人体感觉器官在何种情况下会产生何种心理，为我们根据人的特点去创造适应于人的生活环境，确定适应于人的标准提供科学依据。

这其中，人的感知觉是人的生理活动的一个重要方面，具体说来即是人对外界环境的一切刺激的信息接收和反应的能力，它们的开展即主要依赖于人的视觉、听觉、嗅觉、味觉和触觉。一般说来，人类所获得的信息有80%来自于视觉，视觉的形成主要依赖于形成视觉的九大要素，即视野、光感、视力、色彩、眼的调节、眩光与残像、适应、闪烁及视错觉。视野是指眼睛固定于一点时所能看到的范围，若眼睛平视，主观感觉大约向上能看到眉毛，向下能看到鼻子及唇部，向上约55°，向下约70°，左右各约94°。通常位于视觉中心，分辨率较高的我们又称主视野，位于视野边缘，分辨率较低的又称余视野。并且依据不同的色彩，视野也不尽相同，一般以绿、红、黄色视野较小，白、青色视野较大，离开视觉中心点90°范围内的任何物体均呈灰色。因而依据这些特性，当我们对一些视觉空间进行设计时，就需要将使用频率高的物品放在主视野，不常用的或提示与警告性的放在余视野，极为重要的放在3°视野内，一般的设在20°～40°视野以内，次要的设在40°～60°视野。视力是指眼睛测量物体形态、色彩和分辨细节的能力，它会随着被观察物体大小、光谱、相对亮度和观察时间的不同而变化，并且在人的眼球中的分布也不均匀，一般只有在1°视角内看得最清楚，超过这一范围就只能看到运动和对比明显的物体。而在暗处，偏离中心5°左右的视力往往最高。而从对色彩的感知而言，在正常亮度下，只有在380～780μm范围内的波长才能被人眼所感知，超过这个范围如紫外线、红外线就感觉不到。此外，受人眼生理功能的局限，在很多环境中人眼还会出现许多知觉与外界影像不一致的现象，这即为我们通常所说的视错觉，产生这一错觉的原因是多方面的：一是外界刺激的前后影响；二是脑组织的作用；三是环境的迷人现象；四是人在以往生活过程中所形成的经验。在设计中，合理运用它往往会使我们获得许多意想不到的效果。

图5－4：由于人体生理特征的限制，人的视觉只能感知到有限的色彩，这其中主要取决于波长与视野两个方面。

听觉是除视觉以外的人的第二大感觉系统，它由耳和有关神经系统组成。其机能主要包括传递声音信息和引起警觉。人耳的可听范围非常广泛，声压级从0～120dB，频率从20～20000Hz范围内的都可以听见，但随着年龄的增长，这一范围并不是稳定不变的。以3000Hz纯音的听觉阈值为例，50岁的人通常会丧失10dB的听觉灵敏度，60岁通常会丧失25dB的听觉灵敏度。与此同时，它的强弱还具有能控制人的情绪反应的特殊作用，从其与听觉环境的联系而言，主要可分为如何设计好音响、音质的问题以及如何控制好噪声的问题。正如人们所知，优美的声音往往能令人心旷神怡，而噪声却对人的情绪影响很大。通常说来，90dB以上的噪声就能对人的听力造成一定程度的损坏，同时还会引起人体一系列的不良生理反应，如血压升高、心率加快、消化减慢、肌肉紧张等，因而对其应采取多手段的防护。

图5－5：可包容整个人体的家具形制使人能产生独立的空间领域感，电视机位置的设立也恰如其分地考虑了人体处于仰卧时的合理视野范围，材质选择也完美实现了人体的各方面生理需求。

触觉是人通过处于人体外表层的皮肤直接接触体外环境，受到刺激后回馈出诸如冷热、干湿、疼痛等知觉反应的生理现象。它的主要机能是为人适应周围环境、调整自身机体生理状况提供外界环境的信息。主要可分为温冷觉、

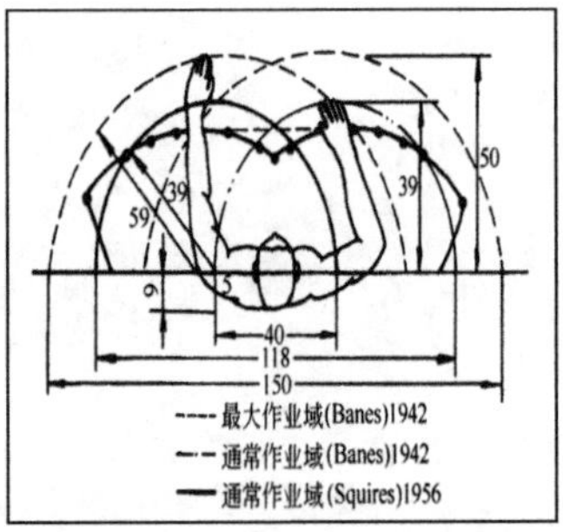

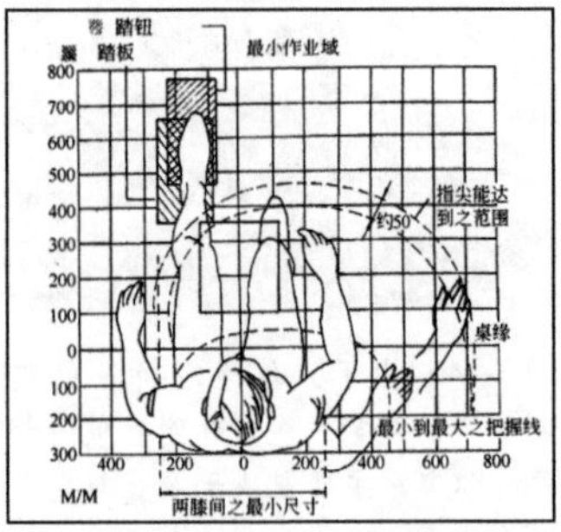

图5-6、7：水平作业环境下，人的手臂所形成的水平作业域图示及人在日常工作与生活中，手脚在一定空间范围内所形成的包括左右水平面和上下垂直面于一体的立体作业域图示。

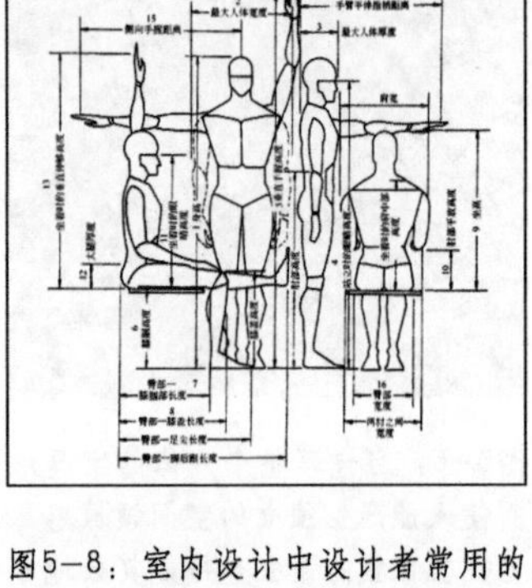

图5-8：室内设计中设计者常用的人体各部位测量名称图示，熟知它们是有效提高我们设计合理性的关键性依据。

压觉和痛觉。温冷觉是接触外界物体表面而产生的温度感；压觉是由机械力作用于皮肤表面，由于力的大小、位置不同而产生出的接触感、软硬感、粗糙感、细腻感等不同的感觉。人体之所以会产生这些不同的触觉，其主要原因在于它们是由遍布于皮肤上的约50万个感觉点来感受的，这些感觉点广泛分布于全身，且分布密度也不尽相同，舌尖、指尖、口唇最密，头部、背部最少。其中又以痛觉在全身的分布最为普遍，各种刺激都可以造成痛觉，以温度觉为例，一般10℃～30℃刺激冷点，10℃以下刺激冷温点，50℃以上刺激冷点、温点和痛点而产生痛感。它的产生实际上是各种刺激超出人体极限，用以维护机体健康的报警信号。

从人类活动的角度而言，人体的运动特征也是人生理活动的另一重要方面，它们依据人的活动状态的不同，主要可分为人体处于静态时的肢体动作空间和人体处于动态时的全身人体活动空间，这些不同的活动状态及由人的肢体围绕关节转动所获得活动范围即为人的动作空间，它们依据不同的空间维度来划分，又可分为由左右水平面和上下垂直面的动作范围所构成的二维的人的作业域（WORKING AREA）和由作业域扩展到人机系统的三维的作业空间（WORKING SPACE）。水平作业域是人处于台前，在台面上左右运动手臂而形成的轨迹范围，通常桌面宽度40cm范围以内为人的手臂最为放松的区域，而在此之外需要用手尽量外伸所形成的区域称为最大作业域，这两个区域共同构成日常我们所用操作台面的实际尺寸。垂直作业域是指手臂伸直，以肩关节为轴作上下运动所形成的范围，它的活动范围通常是确定各种柜架、搁板、挂件使用高度的主要依据。而作业空间则是由人的不同姿态和位置发生移动时所占用的空间范围，它的变化最为多端，不仅要与人的手足活动范围发生紧密联系，还必定与空间中的物发生着彼此的关联。

可以说，这些活动都取决于人的骨骼、关节和肌肉所构成的人体运动系统的作用。在这一过程中，任何一个动作的产生都离不开由于肌肉收缩，消耗葡萄糖、脂肪、蛋白质等化学能而产生出的那部分机械能_肌力，肌力再作用于骨，通过人体结构的协调施加于其他物体的内循环系统。通常说来，施力过程中收缩的肌肉越多，产生的肌力就越大，年龄、性别、体格和施力动机的不同也对肌力的大小起着决定性的作用。

(2) 人体测量值及应用

人体测量值是通过测量人体各个部位的尺寸所得到的

确定个人之间和群体之间在尺寸上的差别的数值。它们涉及与人相关的一切设计领域，也是我们在设计中所要面临的最基本问题，主要分为构造尺寸和功能尺寸。构造尺寸是指静态的人体尺寸，它是人体处于固定标准状态下测量的。如手臂长度、腿长度、坐高等。而功能尺寸则是指动态的人体尺寸，它是由关节的活动、转动所产生的角度与肢体的长度协调产生的范围尺寸。它的测量比较复杂，需要在具体的活动状态下作具体的分析与测量。

因而要取得客观、科学的数据，首先要对各类计测方法有一定的了解，合理地选择计测方法将有助于我们分析人在活动时生理和心理的变化。以生理计测方法而言，主要有肌电图法、能量代谢率法和精神反射电流法。肌电图法是把人体活动时肌肉张缩的状态以电流图记录，从而用以定量确定人体该项活动强度和负荷的方法。能量代谢率法是由人体活动时的氧耗量与安静时的氧耗量相减，再除以基础代谢氧耗量，用以测定活动强度的方法。精神反射电流法是对人体在活动时排出的汗液量作电流测定，从而定量了解外界精神因素强度，确定人体活动时负荷大小的方法。而心理计测法主要分为两类：一是通过物理学方法用以测定人体神经的最小刺激量，以及感觉刺激量最小差异的精神物理学测量法；二是以顺序在心理学中划分量度，依顺序标定评语的尺度法。

此外，即对常用人体测量值的掌握，虽然人体尺寸由于种族、地域、年龄、性别等不同因素的影响存在着明显差异，但始终离不开以身高、体重、坐高等为测量范围的人体尺寸。以我国不同地区的人体测量值为例，其主要数据如下：

图5-9：结合人体活动特征与空间类型所设计的流线型操作台，既满足了特定场所对特定家具的功能要求，又使整个空间布局变得灵动而富有生气。这种功能合理化与视觉审美化的结合首先取决于设计师对人体工学的熟练掌握。

我国不同地区人体各部分平均尺寸（mm）

部　位	较高人体地区（冀、鲁、辽）		中等人体地区（长江三角洲）		较低人体地区（四川）	
	男	女	男	女	男	女
人体高度	1690	1580	1670	1560	1630	1530
肩宽度	420	387	415	397	414	385
肩峰至头顶高度	293	285	291	282	285	269
正立时眼的高度	1513	1474	1547	1443	1512	1420
正坐时眼的高度	1203	1140	1181	1110	1144	1078
胸廓前后径	200	200	201	203	205	220
上臂长度	308	291	310	293	307	289
前臂长度	238	220	238	220	245	220
手长度	196	184	192	178	190	178
肩峰高度	1397	1295	1379	1278	1345	1261
1/2 上骼展开全长	869	795	843	787	848	791
上身高度	600	561	586	546	565	524
臀部宽度	307	307	309	319	311	320
肚脐高度	992	948	983	925	980	920
指尖到地面高度	633	612	616	590	606	575
上腿长度	415	395	409	379	403	378
下腿高度	397	373	392	369	391	365
脚高度	68	63	68	67	67	65
坐高	893	846	877	825	350	793
腓骨头的高度	414	390	407	328	402	382
大腿水平长度	450	435	445	425	443	422
肘下尺寸	243	240	239	230	220	216

图5-10：合理的会议室座位数量确定，取决于人体保持坐姿时的人均占位宽度与会议室面积，这其中合理的服务通道与人流出入空间设置也必不可少。

单一的人机工学并非放之四海而皆准的真理，它需要设计者依据不同的种族、地域、性别与年龄的人群进行有针对性的细化设计，才能确保不同使用对象在生理与心理上的不同需求，从而大大提高设计的合理性。

其中，身高主要用于确定通道、门及人头顶上有障碍物的高度；眼睛高度主要用于确定剧院、礼堂、会议室等处人的视线及广告、屏风、隔断和其他展品的高度；肘部高度用来确定柜台、工作台、厨房案台以及其他站着使用的工作表面的高度，通常最舒适的高度为低于人肘部7．6mm处；挺直坐高用来确定座椅上方障碍物及办公室、餐厅、酒吧等环境隔断的允许高度；肩宽主要用于确定公用和专用空间中通道的间距以及环绕桌子的座椅和影剧院、礼堂中排椅的间距；两肘间的宽度主要用于确定座椅扶手的宽度及会议桌、报告桌、柜台和牌桌周围座椅的位置；其高度又主要用来确定椅子扶手、工作台、书桌或其他特殊设备的高度；臀部宽度主要用来确定各类用途座椅座面的尺寸；膝盖高度与大腿厚度之和共同构成桌类用具下方容膝空间的大小；臀部与膝盖长度共同构成椅背到膝盖前方障碍物之间的距离；垂直手握高度主要用于确定开关、控制器、拉杆、把手、书架以及衣帽架等的最大高度；手臂向前平伸高度及侧向臂长主要用于确定人体要与周围物体发生联系时的最大距离……

3. 人与室内环境

家具是人们生活的必需品，同时又是艺术品，它的存在一方面是对建筑功能的完善，另一方面也是对人工作、学习、休息、收纳等各方面生活需求的辅佐，是决定室内空间构成及环境氛围的重要要素。它服务于人，因而对其尺度、形式及布置方式的确定必须始终围绕人的尺度及人体各部分的活动规律，才能很好地实现其达到维护人体正常姿态并获得身心健康的目的。按其与人体使用的密切程度而言，其类型主要可分为坐卧类家具与收纳类家具。

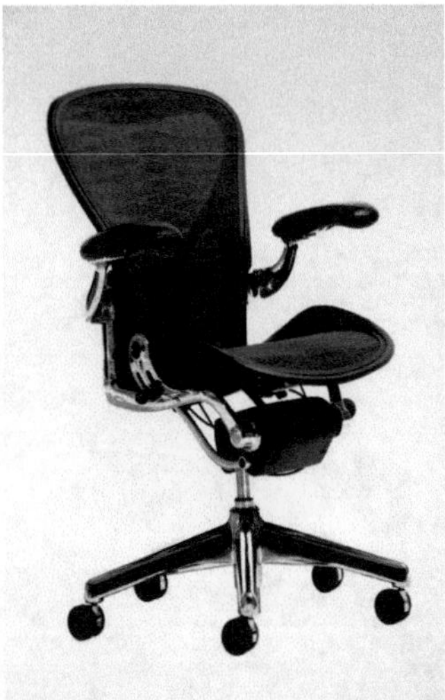

图5-11：坐具历来是众多设计大师们情有独钟的设计对象，因为它是所有家具类型中与人体各部位联系最为密切和最难以把握的，能否合理处理好它们将是衡量一个设计师设计水平的重要标志。

坐卧类家具是一种用于支撑整个人体重量和人身体接触最为密切的类型。其最主要的内容涉及桌、椅和床。其中，桌类家具又分为坐式用桌和站式用桌。坐式用桌一般高度为700～760mm，桌面尺寸按人均占用桌周长×人数来计算，一般较为舒适的宽度为每人每位600～700mm，更多情况下常缩减至550～580mm。桌下净高应以保证下肢能在桌下放置和活动，并使膝部有一定的上下活动余地为标准，通常这一余地控制值为178mm。站式用桌按我国人均高度计测，一般桌面高度以910～965mm为宜，对于一些需要着力工作的台面又可适度降低20～50mm。桌下空间虽无需考虑容膝空间，但仍需留出内凹高度为80mm，深度为50～100mm的容足空间。

椅类家具又分工作用坐具和休息用坐具。工作用坐具一般坐高以390～410mm为宜，过高和过低都会影响人体腰椎的活动度，让人感觉腰部不适，而休息用坐具则为330～380mm，沙发为350mm。坐面深度一般不宜超过人坐时大腿的水平长度（380～420mm），以能使坐面前沿与小腿窝之间保持一定距离为宜。通常情况下，任何用途的座椅坐面还应保持一定的上倾角，以达到人体重量分散至靠背的下半部与臀部坐骨结节点，放松身体的目的。科学计测数据显示，工作椅上倾宜为3°～5°，沙发宜为6°～13°，躺椅宜为14°～23°。同时，在坐面与椅背之间需保留90°～100°（一般坐具）或100°～110°（休息类椅）的夹角供人体作短时放松和休息之用。在距人背部365～500mm处的椅背处设曲面形腰靠，可更好地贴合人的腰背曲线，它的高宜为150～230mm，宽宜为330mm。而当靠背角度从垂直线算起超过30°时，还应设与靠背连成一体或单独设置的头靠，它的一般高度为130～150mm。扶手的间距宜为520～560mm、宽度宜为65～90mm、高度宜为180～250mm。

卧具的设计应充分考虑人在睡眠时呈现的各种姿势，合理的床宽尺寸设置应以仰卧姿势为基准，单人床宽一般以人肩的2～2.5倍为参照数，双人床一般为人肩宽的3～4倍。而床长则一般宜取较高人群的身长加头前余额和脚下余额为总长，通常为2000mm。且其表面弹性质量的优劣也对人的睡眠质量有着直接影响，通常情况下，过软的床垫会使背部与臀部下沉，腰部突起，肌肉和韧带长时间处于紧张和收缩状态，导致脊椎变形；而过硬的床面，则会造成人体受压面小，压力多落在承受压力的硬骨节点上，人体局部会产生酸痛感，因而要使体压得到合理分布，精心设计好床垫的弹性材料也是一个关键。

收纳类家具是用于储藏、陈设的家具，常见的有衣橱、书橱、文件柜等。它们的功能与造型非常多样，通常高橱柜高为1800～2200mm，直接顶至天棚的应视具体情况而定。对其内部空间的划分主要应以人存放和整理物品的可操作活动范围和物品的使用频律为依据来确定其具体位置。一般情况下，以肩为轴，上肢为半径（650～1850mm）的范围被视作是存放物品最方便、使用次数最多、最适宜放常用物品的区域；650mm以下的区域一般存放较重且不常用的物品；1850mm以上的区域宜存放棉被类季节性用品。柜宽的常用尺寸也以800mm为基本单元，深度设定需依据不同存放物品的厚度规格与室内空间的布局作针对性地对待，一般衣柜为600mm；书橱为400～450mm；鞋柜为350～400mm……

图5-12、13：两则储物空间的内部结构设计。上图通过安装五金配件有效拓展了人体的可操作范围，下图通过在空间下部安装裤架开辟了专门的裤子存放区。

图5-14：以人体可操作范围为依据进行设计的储藏空间，不仅大大方便了人们对各类衣物的拿取，还使储物空间变得井然有序，衣物的存放质量大为提高。

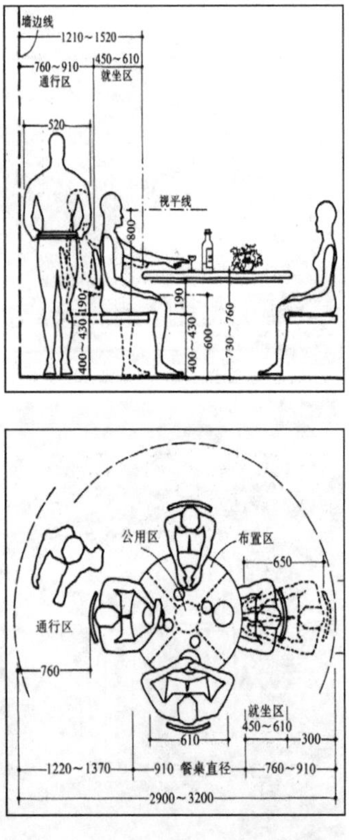

图5-15、16：以四人座席为例所需保持的餐桌直径、就坐空间与周边通行区尺度图示。

图5-17：商业环境中依据人体测量尺度与人的活动尺度进行设计的一则展示空间。既与其他区域相联系，又相对独立，同时又柔化了盒状空间的生硬感。

而在某些特定活动场所中，由于人体需要在这些场所中保持某种特定的活动状态，发生某些特定的活动联系，因而更具特定的尺度要求。以办公家具为例，办公桌通常长为1200～1600mm，宽为500～650mm，高为700～800mm；办公椅长宽高通常为450×450×400～450mm；环式会议桌除受会议室空间限制外，其长度还可以人均占位宽度550～580mm×人数计；与周边设施间通常还需保持600～800mm宽的服务通道；餐饮类空间依据用餐人数的不同，也应采用不同的长宽尺寸。以圆桌直径为例，二人为500mm，三人为800mm，四人为900mm，五人为1100mm，六人为1100～1250mm，八人为1300mm，十人为1500mm，十二人为1800mm；方餐桌二人为700×850mm，四人为1350×850mm，八人为2250×850mm，餐桌高为750～790mm，餐桌间主通道宽为1200～1300mm，次通道宽为600～900mm，餐桌间最小距离(座椅不计入内）应大于500mm；观展类环境需重点协调好人流与展架的尺度，通常以人流量与通道位置来区分：单边双人走道宽为1600mm、双边双人走道宽为2000mm、双边三人走道宽为2300mm、双边四人走道宽为3000mm、营业员柜台走道宽为800mm。以不同的展架类型来分，单靠背展架厚为300～500mm、高为1800～2300mm，双靠背展架厚为600～800mm、高为1800～2300mm，地台类高为400～800mm、放射式直径为2000mm。

4．室内设计与人的环境行为

英国首相邱吉尔曾说过：“人们塑造了环境，环境反过来塑造了人们。”这句话言简意赅地说明了人的行为与周围环境同处在一个相互作用的生态系统中，人是自觉地、有目的地作用于他周围的环境，同时又受到客观环境的影响和制约，在改变世界的同时，也改变了自己，形成了具有某种趋同性的人的外显行为（overt action）与心理感受，这即为环境行为与环境心理。

虽然这些行为与心理不免存在着个体间的差异，但从总体上分析仍然具有许多共性。一般而言，依据人的行为与空间的对应关系，人在某种特定的时间、特定的地点总会表现出一定的规律性，如在早晨上班高峰，总是存在特定的人群活动规律；人在流动时，依据不同的流动特征，即具有行为目的和无目的性的随意流动；或停滞状态的流动类型，又会呈现出不同的行为特征与步速；在开敞的公共环境中，人又总是偏爱逗留在存在着吸引半径的柱子、树木、旗杆等物体周围；在餐馆就餐时，人们又习惯性地喜欢坐在靠边桌旁而不是中间的桌子；同时这种空间位置的选择还与他人的相对位置有关，通常在非正式谈话时人们更愿意选择面对面的方式，在合作时双方更愿意相邻而坐，而当互不相识的人处于同一个空间时又总是习惯坐得离他人尽可能地远……

而依据人的心理与空间的对应关系，在室内空间中，人的心理又往往表现在领域感、人际距离、从众性等许多方面。领域感是使人对实际环境中的某一部分产生具有领土感的心理作用。它与个人空间不同，倾向于表现为一块个人可以提出某种要求承认的“不动产”，“侵入者”将遇到不快的状态，它依据人不同的活动，范围也不尽相同。人际距离是个人空间常与人际交流、接触时所需的距离，它们依据人的身份、密切程度、文化背景、行为特征的不同又可分为亲近距离、个体距离、社交距离和公众距离，这些距离依据不同的行为性质又可细分为近程与远程，它们又具有细微的变化：

人际距离与行为特征（mm）

亲近距离（0~450）	近程（0~150）	安危、保护、拥抱、嗅觉与辐射热有感觉
	远程（150~450）	耳语、握手
个体距离（450~1200）	近程（450~750）	促膝谈心（相互熟悉、关系好的个人、朋友或情人间的距离）
	远程（750~1200）	能看清细微表情的交谈（普通朋友、熟人之间）
社交距离（1200~3600）	近程（1200~2000）	社会交往、相互介绍
	远程（2000~3600）	商务、礼仪活动中关系不密切的距离
公众距离（>3600）	近程（3600~7500）	演讲、授课距离
	远程（>7500）	借助姿势与扩音器的讲演

而从众性指的又是在一些公共场所内，人们往往具有盲目跟从人流主体进行活动的趋向。如在下火车时，人们通常习惯一下车就凭借直觉跟着领头的几个人向出口走。当火灾突发时，人们往往不顾去向是否安全，会不自觉地跟从整个人群盲目行动……因而，在环境设计中，以这些行为和心理现象为依据，注重通过标志、文字、照明、音响等综合性手段对环境进行引导、制约至关重要。

人与环境是彼此影响和相互作用的。了解人在特定环境下所产生的趋同行为与心理感受将有助于室内环境设计更好地贴合人的环境心理需求与更好地提高空间的服务效应。

图5—18、19：将展台与吊顶融为一体的整体化设计，既反映出设计者良好把握展区整体形态的能力，又很好地体现出其将人机工学充分融入展台等细节化设计的综合性协调能力。

图5-20：具有视觉冲击力的展区外观，体现出设计者集内部各部分人体活动尺度与出入口合理布局于一体的良好设计能力。

本章重点与习题：

1. 举一日常生活中的实例，分析了解人的视野范围，对我们提高设置物品摆放范围的积极意义。
2. 举例试述在设计不同家具类型及与之相关的活动尺度时，所要保持的各方面人体尺寸。
3. 分别试述人在保持不同的人际距离时，会产生何种具体行为特征。

第六章 室内的色彩配置

1. 色彩的基本概念

(1) 色彩的产生

在黑暗中，我们看不到物体的形状和色彩，这是因为没有光线。在正常的光线下，我们会看到不同的景物具有各种不同的颜色，这是因为物体的表面具有不同的吸收光线与反射光的能力，反射光不同，眼睛就会看到不同的色彩，因此，色彩的产生，是光对人的视觉和大脑发生作用的结果，是一种视知觉。由此，需要经过光—眼—神经的过程才能见到色彩。

光进入人的视野作用于视觉神经，是通过以下三种形式完成的：

① 光源光：光源发出的色光直接进入视觉，像霓虹灯、装饰灯、烛灯等的光线都可以直接进入视觉。

② 透射光：光源光穿过透明或半透明物体后再进入视觉的光线，称为透射光。透射光的亮度和颜色取决于入射光穿过被透射物体之后所达到的光透射率及波长特征。

③ 反射光：反射光是光进入眼睛的最普遍的形式，在有光线照射的情况下，眼睛能看到的任何物体都是该物体的反射光进入视觉所致。

(2) 物体色与固有色

① 物体色：我们日常所见到的非发光物体会呈现出不同的颜色。一个物体的色彩是由它的表面和投照光两个因素决定的。例如，在白色日光的照射下，白色表面几乎反射全部光线，黑色表面几乎吸收全部光线，因此会呈现出白、黑不同的物体色。蓝色表面吸收日光中蓝以外的其他色光而反射蓝色光。当投照光由白色变为单色光时，情况就不同了，例如，同样是白色的表面，用绿光照射的时候因为只有一处绿色光可以反射，因此就会呈现绿的色彩，而红色表面由于没有红光可以反射，而把绿色的投照光吸收掉，因此呈现偏黑的颜色。

② 固有色：通常是指物体在正常的白色日光下所呈现

图6—1：色彩是室内设计中的一个重要内容，它具有能促使人产生不同心理感受、烘托环境氛围的作用。图中将不同明度的蓝色涂饰的建筑墙面与抽象形态的楼梯拦板结合在一起，产生出强烈的视觉冲击力。

的色彩特征，由于它具有普遍性，在我们的知觉中便形成了对某一物体的色彩形象的概念。这是一种相对的色彩概念，然而，从实际方面来看，日光也是在不停的变化中，何况任何物体的色彩不仅受到投照光的影响，还会受到周围环境中各种反射光的影响。所以物体色并不是固定不变的。强调表现自然色彩的印象派画家，反对以固有色的概念表现画面，他们认为色彩瞬息都在变化，必须从自然中观察、捕捉，才能画出真实的色彩气氛。但即使如此，固有色的概念仍旧不能被排除，因为我们在生活中，需要有一个相对稳定的、来自以往经验中的色彩印象来表达某一物体的色彩特征。即使在绘画中，固有色也具有很大的象征意义和现实性的表现价值，当画面的色彩以固有色的关系存在时，往往给人以现实的印象。而固有色的印象被抽象出来使用时，会具有象征的含义，如绿色是青草、庄稼和树叶的色彩，因此，它常常被作为和平的象征用在许多具有象征意义的设计中。

图6-2、3：不同状态下的自然光随着时间、天气的变化会产生不同的环境特质。上图透过网状屋架洒下的点点光斑，使室内空间变得气韵流动、层次丰富。而下图在人造光的辅助下，却宁静幽远、万籁寂静。

(3) 光与色彩

光是一切物体色彩的来源。通过物理学的研究，人们认识了光是一种电磁波的能量，称为光波。在光波波长380～780mm内，是人的肉眼可察觉到的光，称为可见光。光刺激人的视网膜时形成色觉，因此我们通常见到物体的颜色，实际上是指物体的反射不同波长的光波，被人识别为不同的颜色，因此没有光也就没有颜色。物体的有色表面，反射光的某种波长可能比反射其他的波长要强得多，这个反射的最长的波长，通常称为该物体的色彩。表面的颜色主要是从入射光中减去(被吸收、透射)一些波长而产生的，因此感觉到的颜色，主要决定于物体光波反射率和光源的发射光谱。

因为色彩是光反射到人眼后引起的一种视觉反应，它与光的性征和反射物的性质有密切的关系。因此，室内的色彩现象不是一个孤立、抽象的概念，它与室内采光和照明的方式、室内每一物体的材料、质地等紧密地联系在一起。一方面，室内物体的固有色和采光、照明的方式决定了室内色彩的大趋向；另一方面，色彩随着时间的不同而发生变化，产生着微妙的变化，如在清晨、中午、傍晚、月夜时间，室内的色彩环境都有不同的变化，这主要是因光色的不同而产生的结果。

(4) 色彩的属性

色彩具有三种属性，也称色彩的三要素，即色相、明度和彩度，这三者在任何一个物体上都是同时显示出来的、不可分离的。

① 色相，表明色彩所呈现的相貌，如红、橙、黄、绿等色，色彩之所以不同，决定于光波波长的长短，通常以循环的色相环表示。色相是色彩最基本的性质，也就是我们用以标明不同颜色的名称，如玫瑰红、橘黄、柠檬黄、钴蓝、群青等。

② 明度，表明色彩的明暗程度。决定于光波的波幅，波幅愈大，明度也愈大。接近白色的明度高，接近黑色的明度低。不同色相的色彩有不同的明度，在常见的色彩中，黄色的明度最高，而紫色的明度最低。

③ 彩度，即色彩的强弱程度，或称色彩的纯度或饱和度。单一波长的色彩彩度最高的色，被称该色相的纯色，彩度表明一种色彩的纯净程度。一种色彩中所含的有效成分越多，色彩的纯度越高。纯度最高的色彩是三原色。在原色中无论加入任何其他色彩，都会降低其彩度。物体的表面状况会改变其颜色的彩度。表面粗糙的物体，漫射的光线会降低其颜色的纯度。

通常我们还把色彩分为两大类：无彩色系与有彩色系。无彩色系是指由白色、黑色和介于两者之间的种种灰色组成的色彩系列。无彩色系中颜色的区别仅在于明度上的不同，越接近于白色，其明度越高；反之则低。有彩色系中的色彩要依其色相、彩度和明度来加以区别。

上述色彩的各种要素的不同结合方式决定了色彩的各种现象，但色彩现象是发生在人的视觉和心理过程中的，有关色彩的相互关系、不同的人群对色彩的偏爱等也是色彩设计研究的主要对象。

色彩是任何事物都具有的现象。室内环境的各个组成要素均有其不同的色彩，这些色彩的总和形成室内环境的色调。一种特定的色调往往对应于一种特定的环境气氛，因此，不同的环境色调给人以不同的感受。色调不仅取决于物体的颜色，还取决于这些物体的形状与质感，所以我们不能把色彩设计作为一个孤立的问题，而必须贯穿于室内环境设计的全部过程中。

2. 色彩对生理和心理的影响

色彩是一种物理现象，对人引起的视觉效果还表现生理和心理各方面影响，如冷暖、远近、轻重、大小等，这不但是由于物体本身对光的吸收和反射不同的结果，而且还存在着物体间相互作用的关系所形成的错觉。另一方面，色彩在对人产生各种生理反应的同时也会引起不同的心理

图6-4：白色的天花在环境色的影响下，色相明显发生了变化，这一现象正说明了室内环境中的色彩是彼此影响和相互作用的。

图6-5：室内环境中的色彩通过不同手法的灯光处理会产生截然不同的视觉效果。展示空间中常借二者作为吊眉、柱体等界面的主要处理手段，以传递企业信息，吸引观者视线。

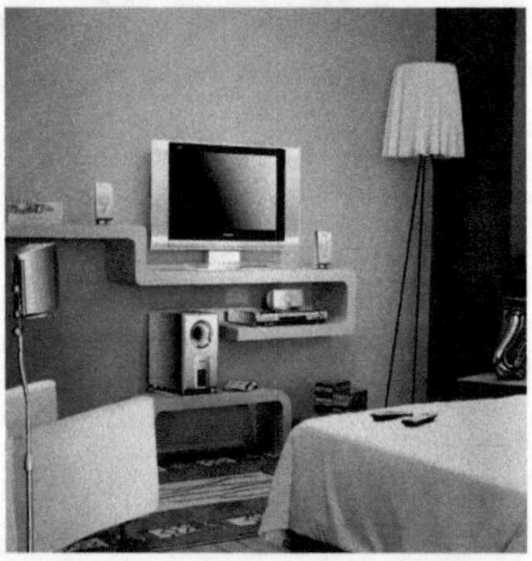

图6–6、7、8：选择不同的色彩装饰室内空间，应对使用者对不同色彩的偏好、房间朝向、空间经营性质等因素细致分析，才能大大提高设计的合理性。上图中分别以黄、绿、蓝三色为基调的设计实例，突出显现了设计师对业主色彩偏好的充分尊重。这种色彩设计手法既有利于人们保留对空间印象的记忆，又对环境中其他物品的色彩配置提出了较为严格的限制。

联想，如庄严、轻快、刚强、柔和、富丽、简朴等，造成不同的心理反应。认识这些不同的心理反应的现象，是进行色彩设计必不可少的工作。

(1) 色彩的生理反应

冷暖感，在色彩设计中，常常把不同色相的色彩区分为暖色、冷色和中性色，从红紫、红、橙到黄色为暖色，其中以橙色为最暖。从蓝紫、蓝至青绿色称冷色，以蓝色为最冷。介于这两种色性间的色彩常常称为中性色。色彩的这种特性和人类长期的感觉经验是一致的，如红色、黄色，让人似乎看到太阳、火炉等，感觉热；而青色、绿色，仿佛使人见到海洋、田野、森林，感觉凉爽。但是色彩的冷暖既有绝对性，也有相对性，愈靠近橙色，色感愈热，愈靠近青色，色感愈冷，而许多色彩之间的微妙变化和差异只有在比较的过程中才能辨别。

远近感，不同的色彩可以使人产生不同的距离感觉，感觉空间距离的不同。一般暖色系和明度高的色彩具有前进、凸出、接近的效果；而冷色系和明度较低的色彩则具有后退、凹进、远离的效果。室内设计中常利用色彩的这些特点去改变空间的大小和高低。

重量感，色彩的重量感主要取决于明度和彩度，明度和彩度高的显得轻，如淡红、浅黄色。在室内设计的构图中常以此达到平衡和稳定的需要，以及表现性格的需要如轻飘、庄重等。

尺度感，色彩对物体大小的作用，包括色相和明度两个因素。暖色和明度高的色彩具有扩散作用，因此物体显得大。而冷色和暗色则具有内聚作用，因此物体显得小。不同的明度和冷暖有时也通过对比作用显示出来，室内不同家具、物体的大小和整个室内空间的色彩处理有密切的关系，可以利用色彩来改变物体的尺度、体积和空间感，使室内各部分之间关系更为协调。

(2) 色彩的心理联想

使人的心理对色彩产生不同联想，主要是色彩的色相作用的结果。不同的色相分别引起不同的心理联想，譬如：

红色，是所有色彩中对视觉具有最强烈冲击力的色彩，它炽烈似火、壮丽如日、奔放如血，常常是生命和热情的象征。由于它的波长特点，因此产生了红色具有前进、靠近的视错觉。红色的这些特点主要表现在高纯度时的效果，当其明度增大转为粉红色时，就戏剧性地变成温柔、顺从和女性的特性了。

橙色，比原色红要柔和，但高纯度的橙色仍然具有强烈的刺激性和兴奋性，浅橙色使人愉悦。橙色常常使人联想到生命活力、精神饱满和积极交往等，因此，在实际的运用中也没有消极的象征或感情上的联想。

色彩是决定室内环境特质的一个重要方面，它们的差别会促成人体产生不同的生理与心理变化，这为我们营造不同的室内氛围提供了最为经济的手段。

黄色，是明度等级最高的色彩，它使人联想到光芒四射、生机勃勃，具有温暖、愉悦的效果，常为积极向上、进步、文明、光明的象征。但当它的彩度或明度降低时，就会显现出其他相反的效果。

绿色，是大自然中植物最常见的色彩，常常是植物生长、清新宁静、生命力和自然力量的象征。从生理和心理上，绿色都能令人平静、松弛。

蓝色，从各个方面都是暖色的对立面，从心理上蓝色是冷的、安静的、清高的；对人还具有一定的生理作用，具有能降低血压，使人安静、清新、舒适和沉思的作用。

紫色是红与蓝色的混合，是一种冷红色和沉着的红色，它具有精致富丽、高贵迷人的特点。偏红的紫色，华贵艳丽；偏蓝的紫色，沉着高雅，常象征尊严、孤傲或悲哀。

色彩在心理上的物理效应，如冷热、远近、轻重、大小等；感情刺激，如兴奋、消沉、开朗、抑郁、动乱、镇静等；象征意象，如庄严、轻快、刚、柔、富丽、简朴等，常常被设计师用来创造不同的心理空间，表现内心情绪，反映思想感情。

人们对不同的色彩表现出不同的好恶，这种心理反应，常常是因人们生活经验、利害关系以及由色彩引起的联想造成的。此外也和人的年龄、性格、素养、民族、习惯分不开，其中对色彩的心理反应也是因人而异，不可能完全取得一致意见。因此色相、色彩不同的心理特性常具有相对性或多义性，室内设计师在进行色彩设计时要善于利用它积极的一面，避免消极的一面。

人们对色彩的这种由经验感觉到主观联想，再上升到理智的判断，既有普遍性，也有特殊性；既有共性，也有个性；既有必然性，也有偶然性。因此，我们在进行选择色彩作为某种象征和含义时，应该具体情况具体分析，决不能随心所欲。

图6－9、10：两则利用色彩进行界面装饰的实例，它们不仅具有鲜明的视觉导向性，而且还有效形成了墙面与地面之间的联系，视觉冲击力极为突出。

3. 色彩配置的原理

(1) 色彩配置的基本要求

在进行室内色彩设计时，应首先明确和室内色彩有密切关系的问题。

① 空间的使用目的。不同的使用目的，如会议室、病

图6-11：室内色彩涉及室内界面、家具等各种陈设用品，图中活跃于地面、墙面、家具中的红色形成了彼此肌理各异，但又相互呼应的关系，民族气息浓郁。

房、起居室，显然在色彩的要求上是不一样的，有时甚至是截然不同的。这种对色彩的要求有些是由室内空间的功能所决定的，如病房的色彩设计要求能利用色彩对病人心理产生镇定、抚慰作用来决定色彩的配置；有些则是由长期习惯形成的对色彩的喜好所决定，如住宅的色彩则是与使用的生活习惯有很大关系。

② 空间的大小、朝向和设计形式。设计师可以通过不同的色调选择和配色方案来强调、削弱或调整空间关系。既然光与色彩产生的视觉反应能够形成人的不同心理感受，设计师就完全能有意识地利用这种不同的心理感受，利用色彩的配置来调节人对空间大小和设计形式的视觉感受，从而产生预期的效果。如利用纯度较低的、偏灰性的色彩来造成空间的深度感；或利用暖色系的配置来弥补北向的居室的阴冷感，从而达到用色彩来调节视觉空间的效果。

③ 室内空间的主要使用者。如老人、小孩、男、女，对色彩的要求有很大的区别；不同的民族、文化层次和职业等对色彩的要求也有很大区别，室内色彩的设计应适合居住者的爱好和欣赏习惯。室内色彩的配置，从根本上来说，就是根据不同的使用者对色彩的不同的视觉反应来构建不同的色彩空间，从色彩的角度满足使用者对色彩环境的一般要求与特殊要求。

室内色彩设计的基本要求就是按照不同的设计对象，有针对性地进行色彩配置，使室内色彩的配置成为构成室内功能要素和美学要素的重要组成部分，使色彩美成为环境美的一部分。

(2) 色彩配置的原理

统一地组织各种色彩的色相、明度和纯度的过程就是配色的过程。良好的室内环境色调，总是根据一定的秩序来组织各种色彩的结果。这些秩序有同一性原则、连续性原则和对比原则。

① 同一性原则。根据同一性原则进行配色，就是使组成室内总体色调的各种颜色或具有相同的色相，或具有相同的纯度，或具有相同的明度。在实际工程设计中，以有相同色相的色彩来组织室内环境色调的方法用得较多。

图6-12：运用米色系、深棕色系进行室内色彩配置的一则实例。沉稳中透露着静谧内敛的气质，它与民族特色的色彩配置方式相比，有着完全不同的空间意韵。

② 连续性原则。色彩的明度、纯度或色相依照光谱的顺序形成连续的变化关系，根据这种变化关系选配室内的色彩，即是连续的配色方法。采用这种方法，可达到在统一中求得变化的目的。但在实际运用中须严格把握各种色彩之间连续变化的幅度，并遵循一定的规律而谨慎行事，否则会因为连续变化的幅度过大而使各种色彩之间的配合

失去连续的规律性，而易陷于混乱而不可收拾。

③ 对比原则。为了突出重点或为了打破色彩单一而沉郁的气氛，可以在室内空间的局部上运用与整体色调相对比的颜色。实际运用中，突出色彩在明度上的对比易于获得更好的效果。

在选配室内色彩的全过程中，上述三个原则构成了三个步骤。同一性原则是配色设计的起点，根据这一原则，确定室内环境色调的基本色相、纯度和明度。连续性原则贯穿于室内配色设计的推敲过程中，确定几种主要颜色的对应关系。对比原则体现为室内配色设计的点睛之笔，以赋予室内环境色调一定的生气。

对比色是一种十分独特的配色方式，搭配得不好很难取得赏心悦目的效果。因而在处理它们彼此关系的时候，应着重把握好它们之间的比例、纯度、明度及各对比色之间所形成的序列关系，才能在协调的基础上获得有序的视觉效果。

(3) 配色设计

① 图形与背景。不同的颜色给人以不同强度的视觉刺激。随机地布置许多色块，其中给人以较强视觉刺激的色块更能抓住人的注意力，从而成为图像的中心，这些色块称为图形。其他色块则成为这个图形的背景。根据这一规律，在配色设计中我们应当注意：一是图形的颜色应比背景的颜色更明亮、更鲜艳；二是明亮鲜艳的颜色面积要小。

② 整体色调。整体色调决定了室内色彩环境的气氛。整体色调决定于各种颜色的色相、明度、纯度及色彩面积的比例。在配色设计中，首先要确定大面积的颜色，可根据所采用的配色方法来确定其他的颜色。一般来说，偏暖的整体色调造成温暖的气氛；偏冷的整体色调则产生清雅的格调；整体色调的纯度较高会给人以较强的刺激；整体色调的明度较高使人感到轻松；多种色彩的组合则会热闹非凡。

③ 配色平衡。颜色在感觉上有强弱和轻重之分，由此产生了配色平衡的问题。

为获得配色平衡可遵循的规律：一是用更强烈的色调施于较小的面积上；二是在小面积上选择与整体色调相对比的颜色；三是注意极小面积上的用色；四是注意不可破坏整体色调的平衡。

图6–13：利用黑白相间的冰裂纹进行集吊顶、墙面及地面于一体的局部界面处理手法，既与周边的白墙形成了呼应关系，又为突出红色沙发形成了背景。

4. 色彩配置的具体问题

室内空间的构成元素，也就是室内色彩设计的对象。陈放在室内空间中的家具、饰物、织品以及室内的各界面色彩选择，都是室内色彩设计的内容。

(1) 墙面色彩

墙面一般在室内环境中是面积较大的部分之一，墙面的色彩在室内空间中通常都作为能够对室内整体色彩环境

图6-14：浅灰色的地毯在红色的墙面与白色的天花之间形成了极好的色彩过渡关系。它既与天花相呼应，又与天花一起成为了红墙的背景。

起主导作用的因素之一，同时它在室内环境中又起着衬托家具及器物的功能，因此在色彩配置上宜用素淡雅致的色调，而且四壁最好是用相同的颜色，以使总体的色彩配合之间保持协调。在配色上还应着重考虑与家具色彩的协调及反衬。对于浅色的家具，墙面宜采用与家具近似的调子或颜色；对于深色的家具，墙面宜用浅的灰性色调。在大空间中，也可将一个墙面处理为深色或彩色的墙面，但要力求保证该墙面图形的完整。此时，该墙面的视觉效果更接近于一幅壁画。另外，墙面颜色的选定，还要考虑到环境色调的影响。例如，朝南面的房间，由于阳光的作用，墙面宜用中性偏冷的颜色才不会使人感到“热”，这类颜色有绿灰、浅蓝灰、浅绿等。同理，朝北面的房间则应当选用偏暖的颜色，如奶黄、米黄等。

墙面的色彩一般避免用环境色调的对比色，若室外有大片的红墙，室内墙面就不宜用绿色和蓝色；若室外为大片绿色植物，室内要避免用红色或橙色。以免产生过强的对比，破坏了室内整体的效果。在这种情况下，中性色是最常见的壁面颜色，如米白、奶白等。

(2) 地面色彩

地面通常采用与家具或墙面颜色相近且明度较低的颜色，以期获得一种稳定感。但在面积狭小的室内，深色的地面反而会使房间显得更狭小。在这种情况下，要注意使整个室内的色彩具有较高的明度。室内地面的色彩应与室内空间的大小、地面材料的质感结合起来考虑。大尺度的室内空间可用较深的硬质磨光地面，如深色的花岗石或彩色水磨石。大型宾馆或演出类公共建筑的门厅，常采取这样的地面处理手法。而在小到如卧室、家庭起居这样的室内空间中，宜用浅色而柔软的地面材料，如木板、地毯等。

图6-15、16：利用色彩进行地面装饰的两则实例，充分显示出中性色是形成各原色之间良好过渡关系的“使者”，同时图形化的语言也是形成这两者空间特色的另一重要方面。

(3) 家具色彩

在室内环境中，家具兼有实用和装饰的双重功能。在中古和近代的室内环境设计中，由于房间的尺度较大，所以家具更多地被看做是“空间中”的陈设品，在造型上将其作为三维的要素来处理，并具有较大的独立性。因此，旧式家具多半采用浓重的色调，并且施以雕刻和彩绘。工业革命之后，现代生产的快节奏和高效率使室内环境设计也演变为“居住机器”。由于讲究室内空间在实用中的效率，房间的尺度做得比以前更小，因此室内陈设的家具占据了室内大部分空间和墙面。家具在室内环境设计中所占据的地位也因此而有所变化。现代的室内环境设计中，家具常常被处理为室内空间中的界面，造型上更多地作为二维的要素来处理。从家具与室内其他物品的关系上来看，它更多地是作为室内空间环境的背景，用以衬托其他尺度更小的陈设物。因此，现代室内家具的色彩选择多倾向于浅色或者灰色，在整体上色彩的品种和变化不多，以求统一。在现代室内空间中，家具是陈设中的大件，其色彩往往成为整个室内环境中的色彩基调，所以，室内家具的色调选择，要以室内的总的色彩格调为依据。

一定的室内环境的色调对应于特定的室内环境气氛。应根据所设计的室内空间的性质来决定其色调，再根据这种色调来选择家具的色彩。一般说来，浅色调的家具富有朝气，深色调的庄重，灰色调的典雅，多种颜色恰当组合则生动活泼。而在实际运用中，以浅的灰性的色调最为常见。室内空间较大时，可精心设置少量的深色调家具。深色的家具色彩运用得当，能够有效地创造出一种庄重的氛围，充分体现空间的色彩格调；在一些重要的办公室和豪华的起居室中，可以选用深色调的家具系列。在儿童用房中，常常采用活泼的家具色彩，以有益于儿童个性的发展。

图6-17：深色家具宜选择浅色墙面为背景以形成良好的图底关系。同时色调的搭配也十分重要，它需要设计师在熟知常规配色方法的基础上不断予以创新，以更新颖的方式来满足人视觉的猎奇需求。

(4) 其他物品色彩

窗帘、门帘、床罩、沙发、台布等室内纺织品的色彩也是室内整体色调的组成部分，应与室内的整体色调相一致，大面积使用的材料更应如此。室内环境设计中遇到的其他物体，通常都是纺织品，常规的建议是选择相同的颜色和质地，并以淡雅的中性色为上策。轻薄挺括的面料，其颜色可以鲜艳些，用料小一些也无妨；但厚实的面料宜为中性的灰色调，而且尺寸应做得大一些。这样，布料自然下垂而形成的褶皱会产生一种华贵的效果。

玩具、酒具及其他陈设品，其色彩的选择可以多样化，但也要注意与整体气氛的协调问题。不过，更多的时候是利用色彩鲜艳的小物件来打破整体色调的单调沉闷，起到画龙点睛的效果。由于室内的各种陈设品面广量大，很大程度上可以起到调节室内色彩环境的作用。根据这些陈设物易于更换的特点，可以备上几组配套的物品，根据不同的季节作不同的布置，使室内环境总是充满着生机。

创造有个性的室内空间环境，是室内色彩设计的最终目标。仔细分析古往今来的优秀作品，不难发现这样一个规律，即个性来自于整体中的变化。也就是说，整体性是一切个性的基础。所以，色彩设计的根本还是如何获得室内色彩的整体性，亦即室内色彩环境的均衡与统一。从设计的程序上看，则是从整体色调着手，由大到小，由统一求变化，最终达到满意的效果。

图6-18：室内色彩是由一切存在于室内空间中的物品与围合成室内空间的界面所构成，这其中，界面色彩相对固定，家具与陈设最具灵活性，巧妙运用它们能使室内空间焕发多变的面貌。

图6－19：利用流线形色块进行统一处理的天花与地台，突出了空间的流动感，也形成了强烈的视觉导向性。

本章重点与习题：

1．试举几种色彩名称，说出它们对人心理与生理的具体影响。
2．试通过实例分析，说明在进行室内配色时应首先对哪些室内因素进行分析。
3．从整体的角度，阐述室内色彩由哪些方面构成，并分析它们之间的区别。

第七章 室内采光与照明

人对室内空间的感受：色彩、质感、空间、构造及所有细节，主要是依赖视觉感受来完成的，如果离开光，也就没有这些效果了；此外，人在室内空间的大多数活动都依赖一定条件的采光及照明展开；另一方面，不同的采光和照明方式，会在很大程度上影响室内设计的效果。因此室内环境的采光和照明在很大程度上决定了室内设计的质量。

从实用的角度来看，自然的采光影响了大部分室内空间白昼的采光效果，而人工照明则更多在室内环境中起着提供和调节室内夜晚及自然采光不足时的照明作用。同时，利用人工照明的手段，有意识地强调室内环境的某些要素，或是强调室内环境的某种格调，能够达到以光线来渲染室内气氛的目的。随着现代生活的要求更趋于多样化和舒适化，人工照明技术在室内环境设计中的地位日趋重要。完美的室内照明设计，应当充分满足实用和审美两方面的要求。在实际的设计中，通常把这两方面的要求具体归纳为下列几点：

1. 自然采光

(1) 自然光源

对大多数的居室室内空间来说，阳光是自然光源的最主要来源。对人类来说，阳光意味着温暖和活力，同时也是

图7-1：光让我们感知了世界的五彩缤纷，室内空间的形态、色彩及氛围的营造同样离不开它们。图中拾阶而上的柱灯随着台阶的层层上升最终与中心的天窗形成了人工光源与自然光源的完美结合。

图7-2：通过波浪形布蔓遮挡的天窗，不仅使走廊产生出丰富的视觉节奏，还令光线更加柔和，从边侧透射至墙面的光束，为室内增添了无限生机。

人类健康不可或缺的条件：充足的阳光使体内维生素D的合成增加，保证人体对钙的吸收，同时它又是完整波谱光线的主要来源，日光包含了辐射能的所有可视波长，还包括人类不可见的红外线和紫外线。医学研究表明：缺少完整的波谱光线将可能导致人类的多种疾病，同时还能节约能源，这促使人们对其关注有佳。

对于住宅设计来说，采光的优劣是权衡房屋质量的一个决定性因素。这在设计中体现为以大面积的玻璃窗或玻璃幕墙来获得更多的太阳能、光线或者更加宽广的视野，相比之下，大面积的窗户可以更多，可以有更加充足的光线。然而，如果没有合适的位置或来自其他方向的光线提供平衡的话，从房间一侧射入的强烈光线将会产生刺目的阴影，也会使室内空间的使用者产生强烈的视觉疲劳。过分强烈、单一光源的光线也会破坏室内物体的形象，从而影响到室内空间的设计效果。对建筑设计来说，房屋开窗的大小、方向、形态和位置，将直接影响到室内空间的采光质量。

(2) 自然光的调节

在许多情况下，室内设计师的任务不是取得自然光线的最大效果，而是利用各种手段对其进行调节、修正或控制。如直射的阳光会令人感觉不适，与室内的昏暗产生较强的对比，破坏室内空间的形象。而室内设计师的任务就是运用各种手法来调节自然光的角度、强度和照射方式等，从而达到使自然光与室内空间效果相吻合的采光效果。这种对自然光线的调节可以采用不同的方式进行：

① 利用窗帘、采光格栅或开启天窗等方法对直射的光线进行调节，以获得合适、稳定的采光，并使天然的光线具有调节的可能。

② 结合人工照明的设置，采用自然光与人工照明相结合的方式，来弥补、改善自然光线强度变化不定及色温单一的特点。

图7-3：一则利用百叶窗进行户外光线调节的实例，它的原理主要是通过改变光线的投射角度而使强光变得更为柔和。

2. 人工照明

(1) 照度与视度

为保持室内环境具有足够的亮度水平，使人的眼睛能够舒适清晰地看清室内的东西，就必须保证有足够的照度水平。在物理学中，把投射在物体表面的光强度称为该物体所接受的照度，物理单位为勒克斯(Lux,简称lx)。室内某一点上的照度取决于所用灯具的光功率和灯具与物体间的相对位置，用公式表示为：照度=(距离)2×cos α （α为光线与法线的夹角）。通过研究这个公式，可以发现，光源与物体之间的距离是影响物体表面照度的主要因素。而要在一定的环境下看清某物体，必须达到相应的照度，这是室内照明设计的最基本要求。

为了使设计者在进行不同室内环境的照明设计时有相应的参照标准，各个国家都分别规定了不同的照度标准，作为设计时的参照标准。

人的眼睛只能看见一定波长范围和一定强度范围内的光线。良好的室内环境，不仅取决于充足的光照条件，还取决于其他相关的因素。人们根据不同的照明需求，以不同的方式来衡量照明的质量，评价室内照明的适宜程度。人们根据自己的眼睛观察事物的清晰程度来衡量室内光照条件的优劣，并把这种清晰度称为视度。

影响光照环境的其他因素还有：物件及环境的亮度；物体与背景间的亮度对比；环境中亮度的均匀程度；眩光的程度。

图7-4：融多种照明方式于一体的综合式照明是有效避免光线频闪的重要方式，同时它也是使被照物固有色得以最真实再现的重要手段，这需要综合协调灯光照度、色温等众多技术性指标。

(2) 物体及环境的亮度

在同一位置上，白色物体比黑色物体要亮得多，这说明发光能力或反光能力较强的物体有较大的亮度。在眼睛的生理调节能力允许的范围内，物体的亮度越大，它的视度也越大。不过，当物体的亮度超过一定限度时，会破坏眼睛的视觉，这种情形就是眩光。物体的亮度一方面取决于物体反射光线的能力；另一方面取决于物体所接受的光线强弱。在室内环境设计中，各种物品都不是固定不变的，因此，室内光学设计离不开通过考虑光源的功率及布置的方式来达到控制室内环境质量的目的。

图7-5：人工照明通过不同的处理手法所形成的一则室内场景。顶部主要通过金属格栅片的设置分散了光源的直射角度，避免了眩光的产生。货架等处又通过局部照明的手法为空间增添了丰富的层次。

(3) 物体与背景间的亮度对比

任何物体都依赖与其背景之间的亮度对比而显现出来。书页上的字是物象，白纸是它的背景，只有这两者在亮度或色彩上存在差异，人的眼睛才能将它们分辨出来。物体与背景间的亮度对比越大，人眼的这种分辨能力就越强。降低物象与背景间的亮度对比，就要增加物体表面的强度，才能使眼睛获得同样的分辨力。通常亮度对比减少到原来的1/2，其照度须增加到原来的8倍以上，才能有同样的分辨力。

(4) 环境亮度的均匀程度

白天人们从街道走进正在放映的电影院，要经过一段时间才能看清楚周围的东西。同样，从电影院走到街上，也要等些时间眼睛才不再感到光线刺目。这说明人的眼睛要

图7–6、7：眩光是日常生活中常见的一种光污染现象，利用遮光板对其投射方向进行改变，不仅可有效避免其危害，还能成为吊顶的造型手段之一。

经过调节才能适应不同亮度的环境。因此，在一个空间中亮度的差异太大，眼睛就会被迫作频繁的调节，极易造成视觉疲劳。所以，要根据不同的照明要求，选择与环境要求相一致的灯具。灯具的功率应与灯具的位置结合起来考虑，力求使室内空间的照明水平均匀而稳定。

(5) 眩光的程度

视野中的物体亮度过高，或者与背景之间的亮度对比很大，会使人产生刺目的感觉，这种情形称为眩光。夜晚开着大灯行驶的汽车，光线十分刺目，而在白天就不会发生这种情况。中午，用眼睛直视太阳，也会出现极强的眩光。所以，控制物体的表面亮度是消除眩光的根本途径。如选择表面亮度较低的灯具，或利用光学材料来扩大光源的表面积，从而达到降低表面亮度的目的。常用白炽灯的灯丝亮度是300～500sb，太阳的表面亮度为200000sb，荧光灯的表面亮度只有0.8～0.9sb。在一般性的民用建筑中，轻微的眩光不会造成太大的伤害。但某些特殊的建筑物中眩光却是必须予以消除的弊端，如展览馆、博物馆等。另外，改变光线的传播方式，使光线不直接射入人的眼睛，也能够达到消除眩光的目的。同一光源的眩光程度与光源和眼睛间的夹角有关，在一定的角度范围中，一般不会出现眩光。

3. 人工光源的色温

良好的室内照明设计，不仅要保证有充分的照度水平，还需要保证有良好的显色特性。我们有这样的经验，在日光和灯光下，同一物体显示出不同的颜色；在不同的灯光下，同一物体所显示出的颜色亦不相同。这是因为自然光和各种人工光源的色温不同。白炽灯的色温比日光的色温要低，在白炽灯下物体的颜色偏向红色。而在高压汞灯下，物体的颜色偏向蓝色，说明高压汞灯的色温比日光要高。在大多数室内环境中，要求人工照明工具的色温与自然光线的色温相同或相近，只有这样才能将物体在自然条件中的颜色正确地重现在室内环境中。这一点在展览馆、博物馆类建筑中尤为重要。人工光源，其光谱与自然光的光谱不可能完全相同。我们可以通过组合各种不同种类的光源，使综合的照明光源的光谱特性最大限度地接近于自然光线或我们所设想的特殊效果，这种方法称为混光照明。

不同的色温，也会给人不同的心理感受，在室内照明的设计中，也常常利用这一特点来营造特殊的气氛，创造宜人的光环境。在某些特定的场合，常常要求特殊的色

灯光是人们获取外部信息、感知外部世界的重要载体，同时也是营造室内情调与丰富室内装饰效果的重要手段。但无论其采取何种方式，都离不开对照度、色温等指标的把握。

温，以达到渲染气氛的目的。在家庭居室，人们希望色温偏低，以烘托家庭环境的温暖舒适。在公共性的厅堂，就应当使色温接近或略高于自然光，以保证人们在其中以较高的效率和兴致进行各项活动。而在酒吧、夜总会等场所，常选择色温极高或极低的色温，以期获得一种独有的气氛。

图7-8：隐藏于背景面板后的线光源不仅使人联想起峰峦叠障的群山，也使空间顿生意境与层次。作为室内照明的一种补充形式，它们往往以各种不同的形式或方位隐蔽于各个界面或货架之中。

4. 灯具的选择安装

具体的灯具选择问题，则应把注意力放到灯具的功率及数量的选择上，同时也注意灯具的造型与室内设计风格之间的和谐与协调。

(1) 电光源的选择

室内灯具的功率及数量的确定，应由室内设计师与设备工程师共同商讨。通常，由设计师提出灯具的数量及光源特性以及布置的方式，并根据室内气氛的总体设想提出其他方面的特殊要求，以此为据，由设备工程师根据国家的有关规范，计算出所需的灯具功率。

人工照明用的灯具除具有不同的色温和功率之外，还有着不同的发光方式。在大多数情况下，照明用电多为交流电，通过灯具的电流方向和强度均在不停地变化，因此，某些灯具所发出的光线是在不停地闪烁着的，只是由于这种闪烁的速度极快，肉眼无法觉察。但若遇到有高速运动的物体存在的场所，这种闪烁的光线使物体运动的轨迹发生中断，物体看起来不是均匀地运动，而是在一个点和另一个点之间突然地跳动。如在乒乓球、网球等比赛场所，这种光线会降低照明的质量。因此，这是必须予以注意的问题。在理论上，把这种情况称为频闪效应。常用的照明工具中，以日光灯的频闪效应最为严重。在要求光线稳定的场所，建议选用白炽灯、卤钨灯、氙灯、氩灯等灯具品种为好。

图7-9、10：高色温的灯光与银色金属面板结合在一起，为突出服装展示空间的冷峻、前卫感形成了极好的基调。灯光透过面板上的点点空洞，既形成一种独特的装饰效果，又是一种丰富空间层次的重要手段。

(2) 灯具的种类及安装方式

室内环境中照明灯具的布置应当均匀合理，并在此基础上通过局部增设灯具来达到突出重点的目的。因此，灯具的布置过程包括了整体上的考虑和局部上的调整两个阶段。整体上的考虑，就是使室内空间中的照度均匀分布。此时，应当考虑灯具设置的高度、灯具的间隔及光线从灯具中射出的方式。我们知道照度与灯具到被照物之间距离的平方成反比，因此，灯具应当布置在适当的高度上，才能使照明工具充分地发挥效率。通常

照明设计是一项集艺术表现性与工程技术性于一体的综合设计内容，它首先必须以安全性为前提，进而再得以追求各种艺术表现性手段的多元化探讨。

有这样几种布置方式：

①吸顶灯：灯具直接安装在天花板上；

②吊灯：灯具通过吊件悬在空间的某一高度上；

③嵌入式灯：灯具安装在天花板的顶棚的里面，灯口与顶棚面大致相齐；

④发光天棚：天棚的全部或某些局部作为灯具来处理。发光天棚是嵌入式灯具的演化，用透光材料取代该部分天棚的装修材料——乳白玻璃、磨砂玻璃或光学格栅等。

局部上的调整，是在某些特定的位置上增设灯具，以加强室内某些物品或区域上的照度，突出室内空间中的重点。这种手法如同舞台上的追光灯，使用得当，能够丰富室内空间的层次，增强室内空间的秩序感。在具体的工作之中，经常通过加设吊灯、射灯（轨道灯）和壁灯来加强某些局部上的照度水平。

(3) 灯具安装的技术要求

根据灯具的安装场所及用途，引向每个灯具的导线线芯最小截面应符合有关规程规范的规定。

当灯具重量超过3kg时，其与顶棚的连接必须通过预埋的吊钩或螺栓。在砖石结构中安装电气照明装置时，应采用预埋吊钩、螺栓、螺钉、膨胀螺栓、尼龙塞或塑料塞固定；严禁使用木楔。当设计无规定时，上述固定件的承载能力应与电气照明装置的重量相匹配。

在危险性较大及特殊危险场所，当灯具距地面高度小于2.4m时，应使用额定电压为36伏及以下的照明灯具或采取保护措施。灯具不得直接安装在可燃物件上；当灯具表面高温部位接近可燃物时，应采取隔热、散热措施。

日光灯和高压汞灯及其附件应配套使用，安装位置应便于检查和维修。

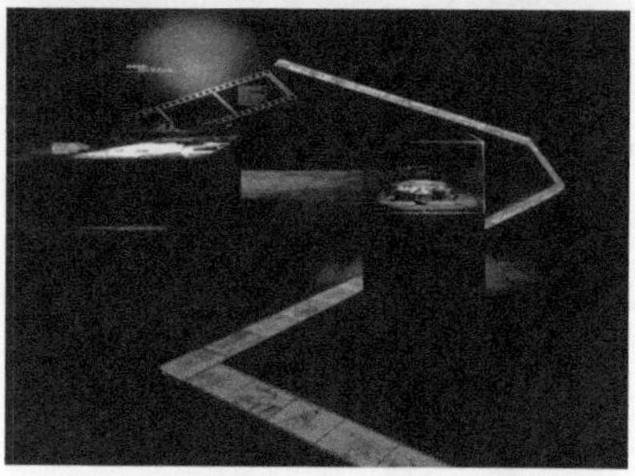

7-11、12：运用不同处理手法进行设计的两则灯光案例。充分显示出其对室内环境氛围的重要影响。上图柔和恬淡，下图则构成一种视错觉。

5. 避免照明光学缺陷

(1) 消除眩光

室内光学的主要缺陷是眩光，解决这一缺陷可以采取两个方面的措施：其一，利用灯罩来遮挡易导致眩光的光线，使光源、灯罩和人的眼睛三者之间形成一定的位置关系，即保护角。灯罩设计的本身是个造型问题，但不可背离灯罩保护角这一基本要求；其二，采用间接的照明方式，使光线经过反射或漫射后，均匀地布满被照亮的物体；具体实践中，可采用间接型灯具、特殊设计的灯罩、暗槽灯及发光天棚等方法，使光源的光线不至于直接进入人的眼睛，或是使光源的表面积增加，从而达到降低光源表面亮度的目的。

(2) 光源表面过亮

在室内照明的设计中，可能出现这样的光学缺陷：由于光源表面的亮度过高而产生眩光及造成与背景亮度对比过大而引起的视觉疲惫现象等。为降低光源的表面亮度，可以选用功率较小或表面积较大的灯具，亦可化整为零，用多个小功率灯具的组合来代替一个大功率的灯具，或是让光线经过反射后再照射到被照物上，亦可在光源表面加设磨砂玻璃、乳白玻璃及光学格栅，使光线变得柔和。改善光源与背景间的亮度比，可以通过增加环境的照度水平来达到，但经济的办法还是降低光源的表面亮度。

(3) 灯具安装位置

灯具安装的位置不佳，使光线直射或反射到人的眼睛上而导致眩光。这时，应考虑改变灯具的位置和灯具的形式，如改变灯具的亮度，使灯具处于人的视野之外，或充分降低灯具的表面亮度，使之对眼睛不再形成刺激，或改用间接的照明方式，使光源完全不进入人的视域之中。室内环境设计作为一个艺术创作过程，照明的设计除应满足使用要求之外，还须具有美感。从形式上可把灯具分为点光源、线光源和面光源，我们在设计中把这些点、线、面的要素以美的方式组织起来，就是艺术创作的过程。

而在室内灯具的安装中，安装的质量和精确程度也是保证灯具效果的重要方面，同一室内或场所成排安装的灯具，其中心线偏差不应大于5mm。矩形灯具的边应与顶棚的装修直线平行。当灯具为对称安装时，其纵横中心轴线应在同一条直线上。为保证安装的质量，灯具安装前应当仔细划线定位。多支荧光灯组合的开启式灯具，灯管的排列要整齐。

在室内环境中，灯具不仅是实用物，同时又是装饰品，甚至是室内空间中的视觉中心。因此，灯具本身的造型设计就有了非常重要的意义。在工业产品种类极度丰富的今天，灯具的造型可谓是千姿百态，而设计、制作的工艺亦各有千秋。设计师在选用灯具时要根据室内环境的整体格调来确定相应造型的灯具，同时也必须注意使灯具各种性能与室内的使用环境相符。

图7—13、14：现代电光源技术的发展与各种不同的照明处理方式，为设计师进行照明处理提供了可尽情展现个人表现语言的平台，它们既可以通过不同的灯具造型，又可以通过不同的照明方式来避免光学缺陷，实用与装饰功能兼备。

图7—15：利用等距规则式排列的荧火灯管，使空间产生出强烈的透视感。

图7-16：用彩色灯笼进行装饰的餐厅吊顶为室内空间增添了活泼而富有民族特点的氛围。它以一种反常规的灯具布置方式，诠释出灯具造型对烘托室内空间特色的重要作用。

本章重点与习题：

1. 在利用灯光烘托环境氛围的同时，安装灯具时还应注意处理好哪些技术性环节？
2. 试述在室内照明中如有眩光现象的产生，可通过哪些手段来加以控制。
3. 举例说明在安装灯具时，有哪些因素决定了照明的效果与质量。

第八章 室内家具的选用与布置

1. 家具的空间意义

一般而言，室内家具是指供使用者坐、躺、放置、贮藏物品及从事日常活动的器具。对于设计师来说，在室内空间环境里，家具被看做各种空间关系的一种构成成分，它有着特定的空间含义。人们的特定活动要求有特定的空间，完成特定的行为、动作，要求有满足一定功能要求的家具和家具组合的方式。家具本身对其所在空间的功能质量和艺术效果有重要的影响。例如，居住空间的形态会限制满足居住功能的特定家具，如床、柜、椅、桌等的尺度、形状和组合方式。反过来，这些家具的色彩、造型和它们宜人的程度又影响着使用者对此空间的使用评价和心理感受。

家具相对于室内空间来讲，具有较大的可变性。设计师往往利用家具作为灵活的空间构件来调节内部空间关系，或变换空间使用功能，或者提高室内空间的利用效率。另一方面，家具相对室内纺织品和装饰物来讲，又具有一定的固定性。家具布置一旦定位、定形，人们的行动路线，房间的使用功能，装饰品的观赏点和布置手段都会相对固定，甚至房间的空间艺术趣味也因之而被确认，它的这种既可动，又不可轻易动的空间特性规定了家具作为室内空间构成构件的重要地位。

图8—1：家具是室内陈设的重要组成部分，同时也是人类特定生活方式的辅佐，其形态、尺度与不同的组合方式不仅决定了室内空间的使用性质，还决定了人在空间中的活动范围。

家具布置首先取决于室内空间的大小与功能定位，其本身尺度与功能的变化，又是使室内空间产生出弹性变化的很好方式，它既经济又方便，还能带给使用者感官的刺激与愉悦。

随着中国人对居住空间质量的认识的变化，由上个世纪80年代曾出现的花费大量人力物力，简单追求住宅空间界面改造与重建的注重“硬装修”阶段，发展到90年代开始重视对室内氛围营建的“重装饰，轻装修”阶段，再进而上升到20世纪末至现阶段的注重“软装修”层次。这一观念的变化不仅反映了公众对建筑室内空间审美意义认识上的一次飞跃，更重要的是反映了人们对原有生活态度与生活意义的重新审视与变化，同时也使家具在室内空间中的地位与作用发生了质的变化。

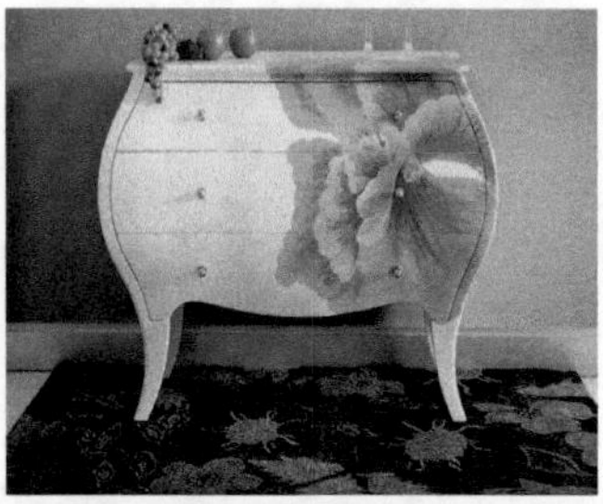

图8-2、3、4：同为陈列柜，三则不同的家具样式，体现出截然不同的风格特征，这是家具成为室内空间中最具艺术性的因素的缘由，也是人们对其情有独钟的重要原因。

随着人类文明程度的提高，人们对室内空间的艺术质量进而提出了更高的要求。因此，家具的“形式”的重要性并不亚于其功能的重要性。很多情况下，家具本身就起到装点室内空间、满足视觉愉悦的作用。尤其在现代化建筑内部，如现代化的办公楼、商场等，空间形象本来就单一，因此，利用家具来改变内部空间艺术质量还是很有必要的，也是十分奏效的室内环境设计手段。在室内空间中家具的实用性和艺术表现力使之获得了充分的空间意义。许多在设计上富有艺术创造力和想象力的家具，本身就是一件杰出的艺术品，在许多住宅的室内设计中，家具更是成为装点室内空间中最具艺术特点的因素。所以，在处理有关家具的设计或选择的过程中，不能脱离室内的整体空间效果和艺术质量的要求，来孤立地解决家具的设计与陈设布置问题。设计师必须在设计过程中，既要了解家具的种类、特点及与家具有关的人体工程学知识，还要认识不同的家具在营造室内空间艺术氛围方面的重要性和特点，既把握在室内空间中对家具进行合理布局的一般原则，还要善于运用有特点的家具作品来装点室内空间，渲染艺术气氛，起到画龙点睛的作用，这样才能充分利用家具这一室内空间的构件营造出丰富、宜人、充满艺术气息的室内空间形态。

2. 家具的不同分类

家具既可以是手工艺作品，也可以是现代工业产品。家具的设计与生产历经了数千年的变革，发展至今已成为举世瞩目的工业产品行业。在现代社会中，以工业化方式生产的家具已经成为室内设计中的主要运用对象。家具的品种繁多，类型的差别也很大。我们可以从不同的角度来对家具进行分类、比较和分析。

(1) 从家具的使用场所来区分，家具可以分为：

① 居室家具：包括卧室家具、起居室家具、餐厅类家具、卫浴家具和书房家具等；

② 公共场所家具：其中包括各类办公家具、商业展示家具、酒店家具、学校家具、医院家具等；

③ 交通类家具：包括车船、飞机等交通工具上所用的客座椅、活动桌、床等。

(2) 如果按家具的基本功能来区分，可以有这样几类：

① 支撑类：指床、椅、凳、沙发等直接与人体接触，支撑人坐、躺、睡等活动的家具；

② 凭倚类：桌、案、几、台等辅助人体活动，用于承托生活物品的家具；

③ 储藏类：橱、柜、架、箱等用于存储衣物、器具的家具。

(3) 从家具的制作材料来看，仅结构材料就可分为木材类（包括实木、曲木、模压胶合板等）、金属类（包括钢材、铸铁、不锈钢、铝合金等）、塑料类（包括改性有机玻璃、玻璃钢等）、玻璃类、竹藤类（包括竹编、藤编、草编、柳编等）、石材类（包括天然石材、人造石材）、纸质类家具等；家具的面料则更是五花八门。除了常见的传统纺织品之外还有海绵、人造纤维、橡胶等。近代又出现了装配式的板式家具、塑料一次成形整体式家具和充气家具等。

(4) 按照家具的结构形式来分，可以有下述种类：固定装配式、拆装式、组合式、支架式、折叠式、壳式、充气式、嵌套式、多功能式。

随着人们生活质量的提高，对家具的款式也提出了多样化的要求。家具设计师根据家具制作材料的不同性能，不断地变化和革新家具的构造方法。运用榫接、冲压、粘贴、弯曲、重叠等新的生产工艺，依照材料不同的特性来构造新型家具。我们能够接触到的家具产品样式从仿古样

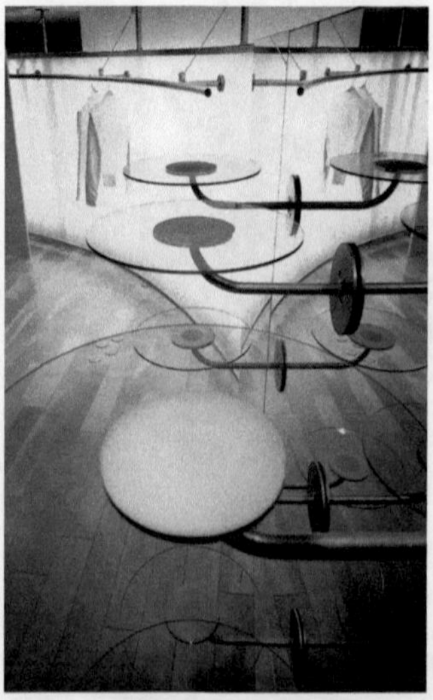

图8－5：用金属支架承托的玻璃盘，从功能上而言，十分适合于鞋类等小件物品的摆放。从造型上而言，它又极具前卫性，使人一看便知其承托的物品会属何种风格。

图8－6：从商品的陈列特性出发，将照明与锥体合为一体的设计，既突出了这一展示区域的独特性，又体现出展示家具设计与其他家具设计存在的不同点。它们通常需要针对不同的商品特性、规格及存放特点作与众不同的设计，才能更好地为突出商品而服务。

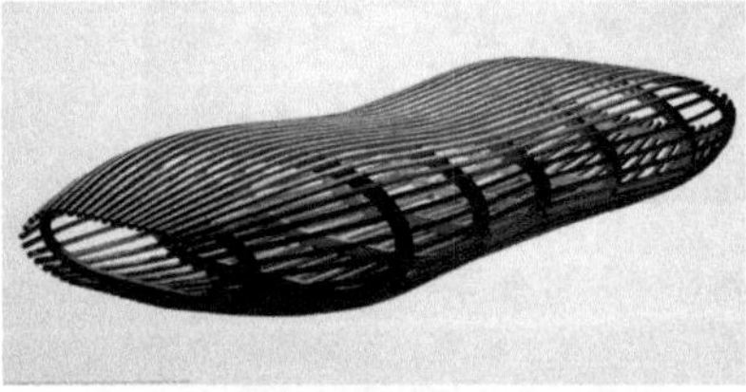

图8-7、8：两则运用木材进行设计的家具，具有截然不同的造型风格，这其中不同的造型元素、形体尺度及结构工艺是决定其形态差异的主要因素。

式到登月舱的座椅，应有尽有；所用的材料从石材到空气（充气类家具），应有尽有；家具的功能从固定到折叠、推砌、拆卸，也极尽其变化的可能。

家具工业产品的多样化为室内设计师提供了众多的选择余地，也使人眼花缭乱。但是，家具产品的丰富并不等于室内设计师就可以对家具的选择随心所欲。多样化的家具往往适用于不同的空间类型，尤其是要营造高质量的室内空间效果，家具的选择是极为重要的。特别需要注意的是，批量生产的家具产品有时不一定适用于许多非标准化、模数化的内部空间，更无法适应于有特殊要求的个人。尤其是当我们坚持室内空间效果与某种统一的构造风格、某一时代特征的建筑空间相协调的时候，室内设计师就必须将家具与建筑构件统一起来考虑。那些家具与建筑构件合二为一的特定设计，是设计师在处理家具与空间关系时的重要课题。

3. 家具的空间属性

家具与室内空间的关系是设计师进行特定空间环境设计时的核心问题。

首先应考虑的仍然是使用功能问题。一切都得从使用者的实际要求入手，以研究人在特定空间中的特定行为作为出发点。例如，在舞厅里，人以跳舞活动为主，静止为辅，所以家具的设计只限于少许桌、椅和部分演奏员的工作位子即可。家具的设计以尽量减少对活动的障碍为出发点，材料、色彩、款式要与舞厅的格调一致。在设计宾馆的成套客房时，就得以人的起居休息为主要实用功能；根据宾馆的级别，按可能的投资额选用成套家具产品。在设计大型的视听空间时，就应当选用批量生产、标准化的固定座椅，以服务于许多人的共同行为。

室内空间的不同使用功能规定着不同类型家具的选择。如果在教室里布满了五花八门的桌椅，在宾馆客房里塞进许多立柜肯定是既不经济，又不合乎实际的。除了实用之外，家具本身还有一定的“标识性”。它可以作为室内空间的标志，并显示出本身的属性。接待台的设置往往就告诉使用者“请到此地来办登记手续”。接待台作为一种空间符号，说明了该室内空间是具有服务性质的。因此，设计师在选择和陈设家具时，要明确家具的“属性”，从形象、色彩、用材、尺度的各种差异中，按不同场合的要求设置不同规格的家具。在实际生活中，我们常常碰到许多家具乱放的现象。比如，在咖啡厅用的华巧的钢管椅放到了庄重的会客室里；把餐厅用的餐椅放进了客房里；把家用沙发摆到了公共建筑

家具与室内空间的关系尤如建筑界面所围合而成的内外两部分空间，其本身是一个值得研究的课题，通过不同的摆放形式所围合而成的活动空间又是制约其本身呈现出不同组合形态的另一重要方面。

的大厅之中等。虽说这些座椅都满足了坐的功能，但由于未深入了解家具的“属性”而错放了地点，使室内空间的属性模糊，以至影响空间整体气氛。

我们要求选用或设计家具要与室内空间协调，即产生一种“对话”的关系。除了具有反映自己本色的“属性”之外，它还有一个“兼容”其他室内设计因素的问题。某些家具的属性使它可以非常“随和”地与建筑风格保持一致，或非常“顽强”地表现自己。在室内空间的不同部位、不同角度，家具则应有其不同的姿态。在宾馆的门厅里，沙发的组合就像聚集的人群，以其集合形象占据空间中的显要位置，吸引着宾客，要么就以并列的方式非常“谦逊”地退到边角部位。在办公室里，领导或者某要员的办公桌、椅，总是摆在特殊的位置，甚至有时还有意倾斜一定角度以显示使用者的特殊地位。这说明家具的陈设方式会决定它的空间“属性”和性格。但是这并不是说家具的陈设可随心所欲。无论怎样变化，家具的设计与陈设都得从室内空间的整体效果着眼。在大多数建筑环境中，家具与建筑内部空间的关系是追求相互和谐统一。在现代建筑的内部空间里，光洁、开敞的内部空间形象对家具的材质和构造必然产生影响；大量现代化、模数化、批量化的工业产品对家具的色彩、造型也有一定的形式上的要求。在没有特殊要求的情况下，统一的艺术风格是基本的要求。

室内家具布置的最后一个问题是如何满足使用者个人的要求。家具满足使用功能并不等于它令人感到舒适；家具布置得合理并不等于它合乎使用者的心理要求。人是室内环境的主宰，室内空间的设计都必须以人为中心。要让使用者感到生理和心理上的舒适，除了研究家具的尺度、

图8-9：塑料材质的出现为家具形态的变革带来了重要的契机，它使利用该材质制作的家具具备了其他材料所不具备的整体感强、易于成型的特点，同时也使家具走向了更为多元的表现时代。

图8-10、11：不同的空间类型决定需要有相应的家具对其空间作进一步的完善与辅佐，它们正如一张张“名片”，是彰显空间身份与标定空间性质的重要载体，这即为家具的空间属性。

图8—12、13：不同的家具类型与风格不仅是体现空间“属性”的重要载体，还是建筑风格在室内进一步得以延展的重要平台。左右两图即体现了二者的关系。

材料、细部及人体工学方面的要求，以满足使用者的生理要求外，还要契合使用者的心理要求，如研究使用者的职业、地位、年龄、习惯、民族特点，从中了解使用者对家具形式和风格的爱好等。

家具选择和布置问题看来简单，其实包含内容仍是丰富的，甚至是庞杂的。家具的选择和陈设，从基本功能到与环境协调、从舒适程度到使用者的心理要求等均必须充分考虑。家具对室内空间既可能起到锦上添花的作用，也可能有“画蛇添足”的后果。因此，一方面从整体出发，讲求实效，研究人的基本尺度，研究使用者的心理；同时，充分考虑到家具作为构成空间气氛重要的艺术因素，艺术化、创造性地选择和设计家具，这样才是做好室内设计过程中家具选择和设计的关键。

图8—14、15：两则运用多功能家具使餐厅呈现两种布局方式的实例，充分体现出家具对标定室内空间性质与改变室内空间面貌的重要作用。

4. 家具布置的规律

这里所说的家具布置的一般规律，并非传统观念上只顾及视觉要求的形式美原则，而是要兼顾到室内空间在使用功能上的要求，同时还要满足视觉美感的需求。

(1) 室内家具的布置原则

现代室内空间千变万化，而固定不变的比例关系、单纯的轴线、对称平衡的要求在实际生活中已很难适应现代生活方式和工作方式的变化了。对人的活动、心理和不同的行为方式的研究，已经使设计师认识到不可能用某种统一的模式来限定家具的陈设。长期的实践证明，现代室内环境设计的家具布置手法，变化是绝对的。设计师能遵循的一般原则主要是以下三点：

首先，要研究人们在室内活动的“流线”，在人们运动和从事某种活动的“流线节点”上，即可能停留或必须停留处布置相应的家具，并满足特定功能使用的家具的使用过程。大多数功能性很强的家具都是以这种方式来布置的。

其次，研究不同空间部位对人的心理影响，创造能感染和影响人的视觉心理的空间，在这些关键的位置布置对人们具有明确心理暗示效果的家具，满足使用者对家具和室内空间的心理需求，如按照一般的心理规律，在人们从事某种仪式的地方设置家具。一般对满足使用者心理需求的家具都采用这样的方式来陈列。

再者，为了充分利用空间，有利于方便生活，在可能情况下设置家具，并使家具起到空间的“拾遗补阙”的作用。

(2) 室内家具的布局方式

从室内空间的位置上来区分，家具在室内的放置有下列几种类型：

① 周边式。家具沿四周墙布置，留出中间空间位置，空间相对集中，易于组织交通，为举行其他活动提供较大的面积，便于布置中心陈设。

② 中心式。将家具布置在室内中心部位，留出周边空间，强调家具的中心地位和对室内空间的支配权，交通流线在四周展开，保证了中心区不受干扰和影响。

③ 单边式。将家具集中在一侧，留出另一侧空间。工作区和交通区截然分开，功能分区明确，干扰小，当交通线布置在房间的短边一侧时，交通面积最为节约。

④ 走道式。将家具布置在室内两侧，中间留出走道。这种方式节约交通面积，但交通对两边都有干扰。

总之，家具除了其自身的实用功能外，还与调节室内空间、组织室内交通、构成空间气氛有很大的关系。室内设计师应当根据不同的设计对象、不同的条件、不同的家具，因地制宜地进行设计，才能真正发挥家具在室内的作用。

图8−16：家具本身不仅为人所用，同时它也是划定室内空间活动流线的重要载体，因而设计它们不能将注意力仅仅停留在家具本身的尺度上，还应将其与活动空间作为一个整体进行统一布局。

图8−17：一则走道式家具布置实例。这种布置方式还常见于家庭中的卧室，这主要是由建筑空间本身的布局所决定。但在公共空间中则较多融合了设计者对交通流线的控制。

图8−18：公共会议室的功能要求会议家具通常需要采用中心式的布局方式。以方便与会者共同商议问题，四周的走道主要为集散会而设，部分还会在墙角再设茶水柜，以便提供相关接待工作。

图8–19：家具既是一种实用品，又是一种艺术品，图中流线形的金属坐椅犹如雕塑一般成为空间的焦点，恰如其分地诠释了这场展示活动的主题。

本章重点与习题：

1. 试从不同的空间类型出发，说明家具对标定室内空间属性的重要作用。
2. 从社会发展的不同阶段入手，分析我国当前室内家具设计发生了哪些观念上的变革。
3. 试举身边的实例，说明该类家具属于哪种布局方式。

第九章 室内艺术品与绿化

1. 艺术品的空间属性

艺术作品的陈设是室内设计师用来装点室内空间，加强室内艺术气氛的重要手段。不同的艺术品在室内陈设中的作用和效果都不一样，选用合适的艺术品对于加强室内环境的艺术气氛有重要作用，作为设计师必须了解不同艺术品在室内陈设上的作用。

绘画作品的特点是既能装点墙面又不占空间；雕塑作品的特点是既能点缀环境又能在一定的条件下起到空间过渡的媒介作用。但是，艺术品的陈设并不是一件随心所欲的事。首先要考虑艺术品一旦进入室内空间，就必须从属于它所在的空间，成为室内空间艺术形式的一个组成部分。另外还要注意到：任何一件艺术作品都有其自身的存在意义，决不能因为它从属于特定室内空间而丧失了本身的艺术特性和价值。因此，如何恰当地选择和陈设艺术品是值得认真研究的。例如，在一个侧面开窗的长廊拐角处，设计师往往面临一个末端的处理问题。这种狭长形的空间端部是装饰上的难点，弄得不好就会出现“败笔”。或许，我们可以用一个小型雕塑来强调一下这个容易被忽视的角落，从而使之获得适当的空间地位。同时，所陈设的雕塑也拥有充分展示自己的理想背景。又如，当一组很舒适的家具按室内功能和人的行为“流线”靠在大空间中的某一侧面时，位置虽合理，但不够引人注目。如果在这组家具的背景墙面上挂一件合适的绘画作品，既能加强空间之间的联系，又充分地展现了绘画作品的本身。显然，选择和陈

图9-1：室内气氛离不开各种艺术品的渲染，图中巨幅油画不仅改变了墙面的单调感，还使休闲区透露出浓浓的艺术氛围。

图9-2：抽象化的绘画表现手法使油画与富有民族传统特色的陈设品结合在一起，传递出一种古今交融的和谐感，它们相互陪衬，共同组成客厅的一处视觉焦点。

设美术作品，一方面要求设计师要善于把握空间位置，另一方面也要求设计师具有较好的艺术素养，能选择与特定空间内容相关、风格协调的艺术作品。如果设计师缺乏造型艺术修养，有墙便补，有空就摆雕塑，只能是败坏艺术作品，破坏空间气氛。为了确保美术作品选择的准确性和陈设的合理性，我们有必要研究一下与此有关的各种因素。

2. 艺术品的种类

现代艺术的创作媒介很多。新的材料不断涌现，传统的艺术手段也在不断地进行着表现技法和表现题材上的变革。斑斓多彩的艺术世界为室内设计师提供了极多的选择可能性。而设计师特别应当注意的是不同类型的艺术品在室内的陈列有其特定的空间要求。

(1) 西洋画

较大幅面的油画、装饰壁画、镶嵌画等画种的作品视觉张力较强，要求观看时有一定的视距，适合在较大空间中陈设，并要求有较强的照明。水彩画和水印木刻的色彩一般都比较明快，注重表现用水的韵味，但一般画幅较小，相对于油画等则视觉张力较弱，大都适于近距离观赏，陈列在小空间内比较适宜。木刻、石版、铜版以及素描作品多是黑、白、灰的效果，十分素雅，宜于用来创造室内的特殊气氛，特别是在那些文化气息较浓的房间里，装点效果极好。

图9-3：精美的屋顶壁画与室内繁复的线脚、廊柱结合在一起透露出浓浓的古典氛围，这种装饰手法在现今的室内空间中已很少运用，具有瑰丽与庄重的气质。

(2) 中国画

中国画是民族文化的遗产，种类、题材、风格、技法很多。这样丰富的艺术种类里可供设计师选择的作品很多，作品本身的适应性也较强。大多数中国画作品都要装裱或加镜框。中国画的装裱有其自身的特点和讲究，从室内设计师的角度应当注意在装裱上与室内的装修风格的协调。还要注意画面装裱的“图与底”的关系；如用镜框要考虑材质与用料宽窄，而且还要认真研究是否要加玻璃。一般来讲，图与底的关系要依美术作品的色彩明度和黑、白、灰关系来定；用哪种镜框要根据画的风格而定；是否加玻璃要看会不会因覆盖了玻璃而造成眩光、破坏画面的色彩效果及是否会影响有表现力的笔触等。

(3) 雕塑

室内陈设雕塑作品应当充分考虑它的空间位置。现代雕塑的材料和造型手段也有着较大的变化。事实上，现代雕塑的发展与现代建筑的发展几乎是同步的。所以现代风格的雕塑往往在现代环境中，起到空间媒介的作用。尤其是非主题性的抽象雕塑，它几乎是完成空间过渡或转折的“空间符号”。只有当雕塑起到了自己的整体空间构成成分的作用时，雕塑才能体现自己独立的艺术含义。而室内设计师的工作正是努力调节雕塑作品与室内空间的关系，达到融艺术作品与室内空间于一体的目的。

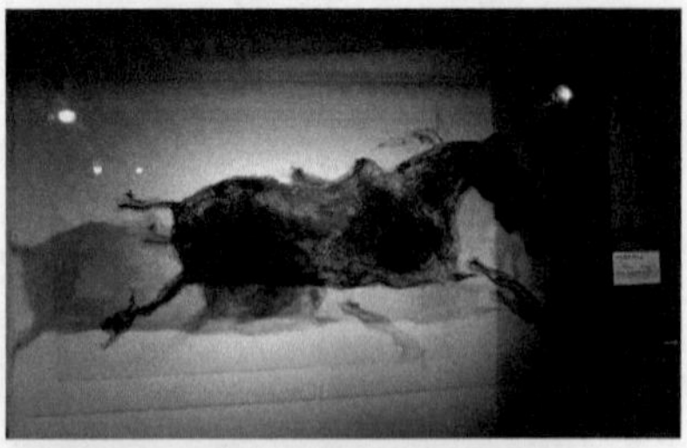

图9—4、5：运用生铁的铁丝网与旧画框设计制作的雕塑，使人不禁感叹只要有创意，同样能使废旧物品焕发出新的生命。

3. 艺术品的陈设

雕塑是三度空间的艺术品。与建筑一样，它是借助光、影来展现自己的造型、体量和美学特性的。因此，陈设雕塑就要为它留有空间余地，选择良好的自然或人工照明，并保证一定的欣赏距离。绘画作品则是以造型、色彩、肌理、韵味来体现自身艺术形态的。如果是以色彩为主要表现内容的作品，它需要显色性较好的光源或自然光，在一般室内也可采用接近日光的光源。同时，根据不同的绘画品种和大小，要求不同的视距与衬托它的背景。换言之，不同的美术作品有其不同的空间要求，这是先要予以考虑的问题。

另外，设计师还得顾及美术作品的制作材料和背景材料之间的关系。不能违背视觉规律，在室内环境中充满不必要的肌理变化，使艺术作品与室内装修材料之间发生冲突，致使各种材料的表现力相互抵消。陈设艺术作品就要有衬托它的条件，因为只有艺术作品成为室内空间中某一部分的构图中心时，用它们来美化室内空间的目的才有可能达到。

图9—6：利用不同光源进行环境氛围营造的餐厅入口，通过摆放雕塑将餐厅的风格与主题展露得一览无余，它传递出的是一种对餐饮文化的理解。

陈设美术作品时同样还会遇到艺术风格的统一问题。生活、工作在现代化的室内环境里，使用的是现代风格家具和现代的工业产品。从房子的结构到室内的装修都具有现代意味。自然，用来美化环境的美术作品从主题到艺术手段应多有点时代气息为好。同样，置身于保持民族风格、地方风格的内部空间的人们也自然希望看到那些反映本民族的审美习惯，反映地方风格的美术作品。至于作品的主题，就必须服从于空间的功能属性，即表现那些与在特定空间中，人们从事特定活动直接或间接相关的内容。在现代建筑中，往往会采用一些非主题性、抽象的美术作品，但是，它们作为一种视觉艺术的作品，必须以视觉愉悦的感受，能引起健康的联想，而不宜带有令人不愉快的因素。如过分污浊的色彩就会令人联想到腐败物质的质感，而给人一种不愉快的视觉刺激。

对室内饰品的选择首先需加强对不同民族文化背景相关知识的了解，才能有助于通过不同的组合形式进行更为多元化的表现。

4. 其他陈设品的选用

(1) 饰品的陈设

室内设计的工作进行到室内装饰的陈设品布置阶段，工作态度必须是很谨慎的。

室内的装饰品也可视为室内空间的附属物，其中部分是有一定实用功能的，如烟灰缸、瓷瓶、纸篓、雨伞架等；另一部分则是纯粹的装饰品，起着创造某种特殊的艺术气氛的作用。

室内装饰附件的陈设就是经营它们的位置。基本原则是便于使用、构成趣味中心、丰富室内空间内容。室内装饰品可以说是室内环境格调的标志，也可以说是使用者文化教养的体现。首先要考虑的是室内装饰附件与建筑空间环境的协调关系：一是与建筑空间环境整体气氛的协调；二是与建筑空间尺度的协调。所以，研究建筑空间、属性、尺度、色彩是进行艺术品陈设的前提。其次室内装饰品还可以帮助室内空间不同部分完成视觉上的空间过渡。如屏风，它既可以分隔空间又能引导方向，本身又是独立的艺术品；在它的前后左右形成的空间又分、又合，过渡得灵活、自然。再次，室内装饰品还可用来点缀小环境，它与室内空间的关系犹如中国园林中的石阶，诱人步入而享受“步移景异”的风光，而石阶本身并不耀眼夺目。在选择室内装饰附件来美化室内空间时，目的并不是为装饰而装饰，而是希望人们注意的并不是一个点，并通过这个点(或者面)，使人联想到周围的空间以及空间关系。因此，应以整体的空间效果作为装饰附件陈设的质量标准。

总之，饰品的职能，是通过自己的存在而起着一种空间媒介的作用。只有当装饰附件对室内空间的实用功能与空间艺术整体效果起积极作用时，它们才获得了自身的空间意义，否则就是多余的。

图9–7、8：与众不同的陈设往往凸显出主人独特的审美观念，图中利用中式建筑构件、鸟笼与其他富有民族特色的器物组合在一起的室内一角，诠释出主人的文化偏好。

(2) 饰品种类

室内环境中用于陈设的饰品种类繁多，但大多来自于三个渠道：一是批量的工业产品(陶瓷制品、玻璃制品、玩具等)；二是地方民间工艺产品(如贝壳制成的烟灰缸、陶制器皿、藤编筐篮等)；三是特殊设计制作的艺术工艺品。

木制装饰品。木材是天然材料，使用最广，人们乐意接近，心理上也有一种亲切感。木质材料可做成单独的装饰器皿、雕饰，也可以将木材取为板、片和装饰料来处理墙面、天花板和地板等。有些木制家用器皿，它们的形态极为自由，加工细腻，十分讨人喜欢，前者是木制装饰件与建筑构件合一的做法，它打破了装饰附件与建筑构件之间的界限；后者是木制器皿与陈设艺术品合一的做法，它打破的是器皿与艺术品之间的界限。这类综合性装饰手段在中国传统建筑中用得特别多，精彩的实例不胜枚举。

地面铺饰物。在普通的建筑里，一般铺地用硬质材料，以便一次性投资。而在特定情况下，如高级酒店的卧室、客房、接待厅、门厅有时会采用一些高级的地面铺饰物。如手工地毯，尤其是名贵的波斯地毯和中国地毯的装饰铺地效果是其他代用品所不能达到的。这些地面铺饰物在一定的环境内能提高室内环境的规格。然而，即使采用也要有“惜墨如金”的设计立场，局部的、重点的装饰才称得上点缀。

陶瓷类饰品。陶瓷制品一般分为两种：纯观赏性陶瓷和实用陶瓷。但是，这种分类法并不严格，现代大多数陶瓷制品是既有实用性又有观赏性的。现代的实用陶瓷产品大多是工业产品，它们的陈设往往与家具的制作和陈设有关。特别是那些质地优异的酒具、茶具，经常被陈设在室内空间的中心部位，既使用方便又十分美观。所谓陶瓷雕刻是一种介于陶瓷制品与雕塑之间的装饰品，它有时与灯具、烛台以及其他器皿结合在一起，有时干脆就是一个人的肖像或者动物形象。这类雕刻一般尺度不大，往往用在家具之间形成空间过渡。由于尺度小，离人的目光很近，因此布置它们时要十分讲究方位、背景、色调与光线。陶瓷雕刻制品在小件陈设物中算是有点“分量”的，陈设时应宁缺勿滥，当然，使用得当能提高室内空间的文化气质。此外，陶瓷壁画和镶嵌画一直是室内装饰画种之一。现代陶瓷壁画品种很多，运用也很广泛。陶瓷壁画能与建筑构件合一，表现力强，视觉冲击力大，而且经久耐磨，在大型公共建筑空间里特别适用。

玻璃制品。现代玻璃制品大都是工业产品，批量化生产使之缺乏个性。室内设计师往往以玻璃为原料来加工玻璃灯具、玻璃隔断、玻璃彩画或借助现代玻璃工业的加工技术制作纯观赏性的陈设装饰件。玻璃、镜面是透明有反光的，为了扩大空间，制造水晶宫般的室内空间效果，可用玻璃来做墙面、天花板，甚至地板。如果必要的话，将玻璃与珐琅质或其他金属材料结合，可做成尺度不同的高级装饰图案与器皿，这类点缀物的效果十分明显。

金属装饰附件。金属制品很早就成了室内装饰附件。它的品种繁多，在材料和样式上变化极大。例如，餐具、烛台、酒具、武器、甲胄等不胜枚举。金属制品的色彩也是多种多样的。它质地特别，形状加工方便，既可以很自由，

图9-9、10、11：在人们越来越注重室内个性展现的当下，室内饰品已成为其中的重要组成部分，它们对增强空间特质，突出软装饰的灵活性具有重要意义。

图9-12、13：绿化能为室内空间增添无限的生机，同时它们也是一定人格品质与节操的象征。在选用室内绿化品种时，充分利用好绿化的这一性能，能更好地加强对室内环境意境的营造。

图9-14：利用干荷叶与莲蓬进行植物造景的室内一角，充分体现出利用植物造景，其形式已有了很大的突破。它们作为室内绿化的又一表现方式，为单一的绿叶植物美化注入了新的活力。

也可以很精确。一般来讲，金属制品大都是比较经久耐用的，人们常利用金属的冷加工技术将金属制成建筑内外的装修材料。不少艺术家用金属材料做大尺度的墙雕，也有的将金属材料与其他材料结合，做成各种摆件的。金属装饰品的优点是适应性强，它既能仿青铜做成古物，追求古风，又能以崭新的面貌体现现代技术，表达时代特征。

文物与纪念品。文物是历史和文化发展的遗物，纪念品则是个人或集团历史的印记。它们是陶冶、教育和启发后人的永恒教材。有选择地、合理地陈设这些物品，让人们温故而知新，激励人们进而取得新的成果。一般公共建筑的内部空间和人们的起居、生活用房并不是纯粹的展示空间。因此，在陈设时应挑选那些与建筑内部空间内容一致或相近的古董来做必要的、重点的展示。通过这种陈设用来点缀室内空间，体现使用者的文化修养和爱好。

5. 室内的绿化

在室内环境中引进绿色植物，会给人们带来更多的自然界的生机。植物经过光合作用可以吸收二氧化碳，释放氧气；同时，通过植物的叶子吸收热量有水分蒸发可调节气温，在室内形成宜人的小气候。此外，某些植物，如夹竹桃、棕榈等还有吸收有害气体的能力。

植物以丰富多姿的形态和色彩，为室内环境增添了不少情趣。它还与家具等其他陈设一起，组成室内的一道变化无穷的风景线。

一般的室内环境由于受阳光照射等条件的局限，室内栽种的植物品种受到限制，所以通常在室内环境中选择喜荫或耐荫的植物作为栽培的种类。目前，适合室内栽培的植物按观赏特点，可分为观叶植物、观花植物；按植物学的分类，可分为木本植物、草本植物、藤本植物等。

植物在室内的栽种方式有固定和活动两种。对于大型的木本植物和藤本植物，盆栽不易成活，在有条件的环境中可采取固定栽种的方法，这种方式适用于大空间的绿化，如波特曼酒店式的“共享大厅”中的树木设置，也可在室内空间开敞处设固定的花坛、花池来种植。

活动的方式即为盆栽。这种方式仅可栽植中小型的植物。因易于移动，既有布置上的便利，又有在植物品种选择上余地较大的好处。盆栽尺度适中，可以布置在居室、起居室和办公室的适当位置，为室内环境平添许多情趣，还可根据四季变化，布置不同的物种，从而在狭小的空间中感受到自然中的春夏秋冬。

常用于室内栽种的主要植物种类有：

木本类：印度橡胶树、垂榕、蒲葵、苏铁、棕竹、棕榈、茶花、罗汉松、香榧、广玉兰、冬青、栀子、珊瑚树、大叶黄杨、海桐、石楠、月桂等；

草本植物类：龟背竹、文竹、吊兰、水仙、芍药、兰花、万年青、秋海棠等；

藤本植物类：大叶蔓绿绒、薜荔、绿萝、常春藤等。

不同的植物对不同类型空气的吸附能力是不同的，因而职业的室内设计师除了对室内各技术性指标与艺术性表现手法有较好的了解外，还应掌握更多的其他基础性学科知识。如了解了不同植物的生长习性，就能帮助我们针对不同的室内空间配置适宜的植物品种，以达到既符合植物生境，又能起到良好空气净化的目的。

6.室内装饰织物的应用

室内装饰织物主要包括地毯、挂毯或壁挂、窗帘、帷幔、家具蒙面织物、床上用品、沙发套、台布、靠垫等。这些装饰织物的色彩、质地、弹性、柔软度等均会对室内的色彩、光线及陈设产生直接的影响，合理地选用装饰织物不仅增强了室内空间的艺术氛围，还起到了保温、隔热、吸声、调节室内光线等作用。

室内装饰织物一旦被作为营造室内环境氛围的要素来看待，它的丰富的肌理、绚丽的色彩、变化的纹样及易于加工的特点给设计师带来了很大的方便。纺织品在室内环境的用途不仅仅常用来制作窗帘和床上用品，还常用来作家具的表面装饰材料，工业生产的墙布、机织与手工编织的壁挂在现代室内环境中的运用极为广泛。由于在室内环境中占有较大的面积，所以对室内环境气氛的影响很大。民间或传统的纹样、现代设计的图形，同样都受使用者欢迎。人们借助纺织品在冰冷的建筑与人体之间建立一种柔和的过渡，也可通过纺织品和编织物的美丽、奇异的纹样产生许多联想，甚至可以感受到自己的文化根脉。室内装饰织物在柔化空间、美化空间，为设计师改造或创作空间气氛提供了很大的可能性。

装饰织物在满足使用功能的同时，为创造室内的气氛、情趣和人性化的空间具有特别的作用。它们在室内设计中的作用主要体现在如下几个方面：

(1) 烘托室内气氛，创造环境意境

环境气氛，即室内空间环境给人的总体印象。如欢快热烈的喜庆气氛、亲切随和的轻松气氛、高雅清新的文化艺术气氛等。而意境则是室内环境所要集中体现的某种思想和主题。与气氛相比较，意境不仅被人感受，还能使人浮想联翩，是一种精神世界的享受。

(2) 柔化空间形态，调节环境色彩

织物的特性是质地柔软、手感舒适、给人亲近感，因而

图9—15、16：用不同工艺与表现手段设计制作的商品展架与人造花卉，表现出织物在当前室内设计中的多种用途。

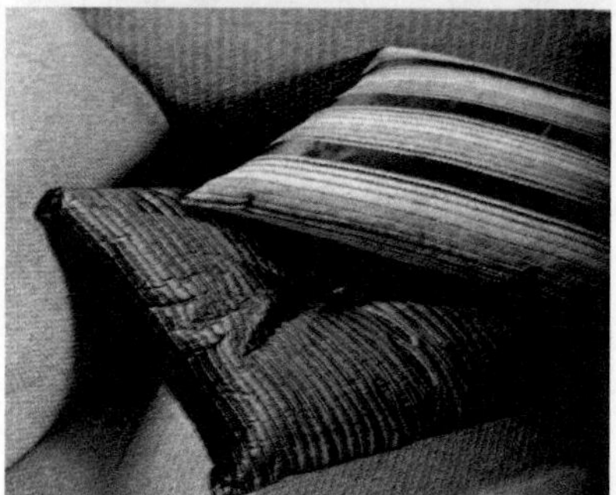

图9-17、18、19、20：丰富多彩织物面料为我们装扮室内空间提供了巨大的选择平台，它们花色多样、质地各异，是营造室内氛围的好帮手。

装饰织物除了单纯的功能上的配合，更多的是在调和室内空间中生硬的、冰冷的、呆板的墙面、家具和地板，通过织物柔和、弱化、重组室内空间中几何形态，使之成为一个有机的整体。

室内环境中的色彩是室内环境设计的灵魂。在一个固定的环境中对人们视觉感官影响最大的因素是色彩。在居室中，人们会自然而然地把眼光放在占大面积色彩的陈设织物上，因而陈设织物的色彩既可作为主体色彩而存在，又能起到点缀作用。通常住宅卧室使用装饰织物最多，因为这一空间的主体常常是与人体关系特别密切的床和床上用品，以及占有较大面积的窗帘等，所以织物常被当做主体色彩来定义居室的主色调。居室中的色调关系既可同类色，也可是互补色。它们的之间的色彩关系和搭配也会给整个室内空间带来和谐、宁静的气氛；也可以形成对比强烈的热烈、动感的氛围。

(3) 赋予空间个性，强化环境风格

一定的室内空间往往因使用者的职业特征、性格爱好及修养、品味的流露，而使空间呈现出强烈的个性。室内饰物，对整个室内环境风格的形成起着非常重要的作用，它的魅力不仅是由于其质感柔软舒适，还因为它具有丰富的色彩和图案的特点，其环境装饰功效与室内空间的人文的趣味、使用者的个人爱好、审美特点等有机地协调一致，直接影响着室内环境的艺术氛围。

(4) 创造虚拟空间，丰富空间层次

室内“虚拟空间”的范围没有十分严格的隔离形态，只是一种靠部分形体的启示，依靠联想和“视觉完形性”来划定的空间。这是一种可以简化装修而获得理想空间感的空间，具有一定独立性和领域感。在室内设计中，地毯、帷幔、织物屏风等陈设织物，使空间的使用功能更趋于明确合理，空间更富层次感。

在传统居室设计中，常采用帐、幔、围、帘等装饰织物来划分、定义室内空间，这一方面可以形成空间的分隔，形成相对单纯独立的空间；另一方面可以推动空间扩张感与流动感。

在地面装饰织物铺设中，面积大小不等的地毯以及铺设区域，与家具陈设相配合，可以给人们心理上带来虚拟的空间感受，并能增强局域空间的交流气氛和空间亲和感，也使得整体空间与局部空间形成对立统一。

7.室内标识的应用

标识在公共空间的室内设计中，具有标定空间性质、协助人识别场所、引导人流方向的作用。其形式随着科技的发展，已从过去单一的门牌、警示灯箱发展为今日集声、光、电于一体的多媒体综合系统，是当前室内设计表现手法向着多元化、科技化发展的一个重要方面。在众多室内场所类型中，标识在公共空间中的运用最为广泛，它们小至一块门牌，大至可以与整个室内空间融为一体，可谓二维与三维表现方式多样，如时下常见的LED电子显示屏、多媒体投影仪等都是突破常用二维表现手法的科技化手段。

这些声光技术与以往多以文字、色彩、版式为基础的静态标识形式相比往往具有显示容量强大、变更性强、图文互动的动态优势。但无论采用何种手段，室内标识都需体现出一种与企业形象、环境性质相一致的承接关系，它们的内容虽始终离不开对各种图形、文字、色彩的运用，但能否在实现普通识别效果的同时，成为环境的亮点仍需涉及人体工学、色彩学、光学、声学等多门学科。如以生活中最常见的洗手间标识为例，图示及文字往往是区分男女性别的常用手段，而在设计儿童洗手间标识时，则应以儿童的年龄特征与生理特性为出发点选用图示化的儿童形象与合理视线高度，以辅助儿童在不识字、个子小的情况下大大提高识别能力。在光线晦暗的剧院，座位、安全出口就需以地灯、指示灯箱的形式与环境亮度产生出反差，从而为人们在光线不足的环境下，迅速找到目标点提供便利。在公共人流集散中心，标识又可通过集地面、墙面、顶部于一体的整体处理手法来形成多位一体的视觉导向功能，从而使室内色彩与照明形成既具整体统一感，又具局部对比性的效果。

图9-21、22、23：三则以不同表现方式进行环境性质标识的标识设计实例。突出强调了文字编排、图形以及灯光在不同环境背景下的指示功能。

图9-24：室内饰品的布置方式是多种多样的，需要我们不断地区性以新颖的方式加以创新。图中用纸盒装饰的吊顶，一方面强化了展区的视觉冲击力，形成了一定的空间领域感，另一方面也突出了展品的高技性特色。

本章重点与习题：

1. 举一自己亲身体验过的公共室内空间实例，分析艺术品陈设对改善室内空间氛围有何作用。
2. 从室内设计的角度，列举室内织物的作用。
3. 试从不同的室内环境类型入手，举例说明应分别配置哪些相应的绿化品种才能取得视觉与净化空气的双重效益。

第十章 室内设计的分类

1. 居室空间的设计

居室是我们每个人生活中接触最频繁的室内空间类型，它与人们的生活联系最为密切，在现代化生活方式的影响下，其空间不外乎由各间被建筑框架划分而成的可供家庭成员团聚、会客、视听、睡眠、学习、工作之用的起居室、餐厅、卧室、书房、厨房、浴厕所组成。虽从设计的复杂程度而言，居室空间远不及公共室内空间，但它对使用者安全感、舒适度与人性化的关注却丝毫不亚于其他室内空间类型，甚至更被寻常百姓所热衷。也可以说，在物质条件越来越充裕的当下，如何通过这一空间类型来表达人们对不同风格、不同精神品味的诠释，更是当下居室设计所要关注的重点。

其设计内容首先就是一个如何以人的各种起居习惯为前提，合理布局各生活空间的问题。在现今住宅类型多样化的情况下，常见的大开间、框架式公寓住宅往往具有较过去老式住房结构相对灵活的空间划分优势。而在一些LOFT户型与宽敞的别墅建筑中，这种空间布局的合理性更是成为而后一切室内装饰、美化步骤顺利展开的前提，因而能否合理地协调好各空间动与静、私密性与互动性之间的相互关系，往往需要设计者在充分尊重业主需求的基础上，全方面分析住宅的周边环境因素，如采光等，最终作出最佳的协调性方案。

其次就是对居室的整体风格作出全盘规划，它需要在综合考虑不同业主家庭成员职业特点、艺术爱好、人口组成、经济条件等方面内容的基础上，最终确定是以简洁的现代风格、清新的田园风格、儒雅的中式风格、华贵的欧式风格，还是交融的中西合璧风格来统领整个室内格调。它是而后室内界面以何种方式进行表现、家具以何种样式

图10–1：居室是与人类日常生活联系最为密切的一种空间类型，也是每一个室内设计学习者最能从切身体会中感受设计使命的一种空间类型。这决定了它必定成为初学者最先接触的起点。

图10-2、3：起居室是任何一个家庭最为关键的活动场所，同时也是体现整个居室设计风格最为关键的一个场所。上图中通过不同色调、不同造型的家具设计而成的起居室体现出截然不同的风格特征。

进行陈设、室内装饰材料以何种质地相搭配、色彩以何种色调相衬托、灯具与陈设品以何种形式相配置等各环节具体展开但又不偏离整体感的关键。

接下来即是针对各空间类型作具体分类设计，依据不同的空间类型，它们在空间尺度、家具配置、光环境设计等方面均存在着特殊性。

(1) 起居室、餐厅

起居室是家人团聚、娱乐、会客及进行视听活动的多功能空间，在现代居室空间中，其所占的面积往往是所有住宅空间类型中最大和最能反映居室整体风格的，它通常由沙发、茶几、电视机柜、陈列柜等家具和视听设备所组成，平面形状主要呈矩形、方形，与其他空间之间，它还常与餐厅、玄关连接在一起，形成彼此既相互独立，视线又通透的关系。

玄关是人们由户外进入户内首个要接触的过渡空间，其依据不同的户型，有的早已相对独立的有所预留，而有的却开门见山，需要在而后的装修过程中，通过家具、隔断、植物等手段在入口划分出全遮式或半通透式的空间，它的设计一要突出实用功能，二要能彰显出业主的情趣。以我国传统审美观点而言，玄关氛围的营造应以能见红（喜庆色彩）、见绿（绿化）、见艺术品为原则，在充分达到有效遮挡室内活动的基础上，成为人们了解居室整体风格的首道风景。而就实用功能而言，它又必须兼具可满足人们存放、更换鞋类杂物等的需求。

而在起居室的设计上，会客区的家具设计与背景墙设计又要能突出灵活可变的功能，通过借助墙面色彩、肌理、墙贴、墙绘等对比性与可更换型等个性化手段的处理来打破以往多以大面积文化石、夹板拼花来作为背景墙处理的统一手法，从而为以后室内空间的重组性带来更多的变化

图10-4：通透的塑料家具使狭小的餐区从视觉上觉得更为宽敞，同时也传递出整个室内空间必定是以简约风格为特色的。

余地。在绿化的配置上，宜选用个别形体较大、枝叶舒展的植物以形成与起居室空间尺度协调一致的组合效果；在灯光的布置上，宜采用多元化的照明手段，在形成以普通照明为基础的光照前提下，突出重点照明、半间接照明、间接照明等照明形式，结合局部吊顶、地台、墙体等界面结构进行多位一体、层次丰富的立体化布局。

餐厅主要由餐桌、餐椅所构成，在与起居室相贯通的空间中，局部吊顶的沉降、餐饮区背景的突出都可使其形成相对独立的空间。它依据不同的空间形态与面积构成，一般可通过采用固定式或具有折叠功能的餐桌配置发挥出弹性效应，尤其在一些与厨房相贯通的餐区设计中，又可将餐桌与橱柜作为一个整体，进行各种形式的组合。

在生活水平不断提高的当前，居室空间中的每个空间类型都在发生着革命性的变革，这不仅体现在它们的空间结构与尺度上，更体现在它们对个性语言的不懈追求上。

(2) 卧室

卧室是住宅中最具私密性的空间，一般设置在整套居室的各个尽端，以求获得良好的隔音效果。在现代居室户型中，卧室的空间一般都较小，开间与进深的限定都已为卧室家具的界入设置了很多的局限，因而依托家具的风格与陈设的匹配来营造或浪漫，或温馨，或清新，或活泼的氛围，将是卧室设计的重点。其依据不同的使用对象，往往可采用不同的色调进行表现，通常情况下浅色调易于形成恬静的氛围，明快的色调易于突出活跃的氛围，而过于强烈的色调往往会让人难以入睡。此外，在照明的设计上，卧室则与起居室存在着明显差别，一般不宜过亮，以柔和、能分辨清普通物体为原则，这将有助于提高人的睡眠质量。

(3) 厨房

厨房是人们进行烹饪，与家庭成员间展开情感交流、享受生活的重要空间。在现今人们对物质生活水平要求越来越高的背景下，厨房的设计早已步入了专业化行列，众多品牌的整体橱柜产品的出现，说明厨房已成为家庭装修的一个重要空间。它们设计的优劣不仅关乎视觉效应，更涉及厨房空间利用率的提高、用具的分门别类、存取便利的考量、内部结构的人性化设计、操作空间的合理分区等诸多问题。因而要设计好它，必须以充分的生活体察为依据，才能使我们更好地以使用者的角色不断深化对厨房操作时所要解决的各项细节的研究。以灶具、洗涤池、微波炉等设施与电器的设置为例，不仅需要结合厨房中预设的落水口、烟道井位置而定，还需对日常操作顺序有很好的掌握，从而才能确保洗涤—配制—烹饪—备餐四步骤有条不紊地进行。而对橱柜内部空间的设计，又需结合不同物

图10-5、6：厨房是家人进行情感交流的最好空间，专业化的厨房家具不仅为日常用品的存放拓展了更人性化的空间，同时也为使用者提供了高品质的生活享受。

不同的空间类型有不同的设计要点，这决定了室内设计师必须以对各种生活的体察为切入点，多接触生活，关注生活，在实践中不断积累经验，才能适应日后室内空间类型的不断分化与发展。

品的尺寸、存放特点，以不同存储结构来存取，为橱柜容量最大限度的拓展带来便利，如餐具盘可让刀叉等小件用品井然有序、五金拉篮可让锅盆等器具的拿取更为简便、半圆形转篮又可使橱柜死角处的空间得到充分开发。

(4) 浴厕

浴厕间是供家庭成员处理个人卫生与洗涤衣物的空间，在现代住宅空间中，其一般多为两个或两个以上，其中一个多为公用，另一个相对独立，仅供主卧单独使用。其布局通常多分散在居室的两处不同部位，以便家庭成员能就近使用。

在当前浴厕空间不断扩大的趋势下，干湿分区已使传统的浴厕用材转向了更为多元的组合方式，浴厕空间也走上了展现个性化语言的舞台。其基础设施主要包括淋浴房、浴柜、洗脸台和坐便器等。它们的位置布局通常只需依据建筑建成时事先设定的管道位置对应设置，应尽可能地减少随意性的变动，以防止污水渗透。其中，淋浴房的大小与形状主要受制于浴厕间的空间布局；洗脸台的设置需依据台上盆或台下盆的选用制定不同的高度，并结合不同造型的浴柜、浴镜以形成整体统一，可高效收纳各种洗漱用品，又兼具艺术表现力的洗漱区；瓷砖的搭配又突出采用不同质感、大小不一、局部作重点装饰的趋势；照明以兼顾日常照明与取暖双重功能的浴霸为主要手段，个别可通过暗藏灯槽、背景灯光的形式以补充普通照明的不足，形成丰富的灯光层次。地面用材则突出强调防滑功能，也有采用防腐地板作铺陈的，但这必须首先要以干湿分区为前提。

图10-7、8：不同的色彩与空间围合方式使办公空间具有了鲜明的风格特征。这一空间类型较居室空间更具使用功能的针对性，因而在设计上，在人体工学、家具布置、空间划分等方面都存在着特殊的研究内容。

2. 办公空间的设计

办公空间是现代化商务运作发展下应运而生的又一室内空间类型，它依据不同的办公体系和管理功能，主要可分为小单间办公室、大空间办公室和公寓型办公室三大类。小单间办公室即为传统的间隔式办公室，一般面积不大，空间相对封闭，宁静而少扰，但缺乏人员间的联系。大空间办公室又称开敞式办公室，起源于19世纪末工业革命后生产集中、企业规模增大、办公人员要求加快联系速度和提高效率的需求，这一办公空间具有提高办公建筑主要使用功能面积率和提高办公设施、设备利用率的优点。公寓型办公室也称商住楼，除具有办公、会客的功能外，还具有类似住宅、公寓的盥洗室、就寝、用餐等双重功能，现多为高层依据不同的等级标准，办公空间工作位置数量的确定，需以每人3～6.5m^2面积为定额进行估算，办公室净高一般需保证有2.6m，照明从节能和心理感受的角度出发，还应具有天然采光，采光系数窗地比应不小于1∶6（窗洞口面积与室内地面面积比），照度标准为100～200lx，工作面可另加局部照明。其地面通常为解决众多办公设备管线的铺设，还需保留一定高度的砖砌地龙，并在其上再铺防静电地板，以求表面整洁、维修便利。顶面除要布置照明、消防、通风、换气等设备及相应管道外，还应具备吸声、阻燃的功能，用材多以轻钢龙骨、纸面石膏板或塑面穿孔铝合金扣板等结合简洁的造型、淡雅的色彩以形成明快简洁的整体空间。

图10－9，大开间的办公空间已成为当前企业用以提高员工工作效率与自觉性的重要办公空间类型之一。

3. 商业空间的设计

商业空间隶属于公共室内环境设计，作为反映城市物质经济生活与精神文化风貌、经济活力的重要窗口，它主要包括购物环境设计和餐饮空间设计两大类。其内容往往较居室空间更复杂，除要对不同场景中人们所要保持的不同活动尺度作具体分析，解决好通风、防火、报警等要求外，如何依据不同的营业内容，通过营造富有特色的商业环境来达到激发顾客产生消费行为，提高营业额的目的更是其设计的重点。

在空间构成上，商业空间往往具有尺度大、空间结构多样的共性，因而无论何种商业空间，从功能布局而言，需要首先协调好的即是依据营业内容的不同，将货柜、货架、餐桌、餐椅等家具的组织以不破坏建筑柱网、阻碍消防通道、楼梯、自动扶梯等垂直交通空间为前提，从而为后续各种展架的形态、广告灯箱的穿插、具体照明手段的落实等步骤的深入提供既有限制，又具灵活性的可操作空间。从安全角度而言，商业空间除了需采用相应等级的防火材料外，吊顶中还需设置烟感器、喷淋等消防设施，以防火灾突发时，火势得以有效控制。在出入口的设置上，由于公共场所人流较多，还需要设置两个或两个以上的安全出口，以供人流在突发事件发生时能快速疏散。在流线的设计上，又需要设计者在考虑满足防火安全疏散的要求（依据不同的消防等级，以每100人疏散宽度按0.65～1.00m计算）下，以不迂回、能通畅浏览完所有商品为前提来组织客流动线。在突出商品的手法上，商业空间尺度大的特点又决定了必须结合灯光、各界面材质、空间的聚合、色彩图案的组织、设施的布置等多元化手段来达到诱导和激发顾客产生购物意愿的目的。

图10－10：商业空间设计的最终目的是为了突出商品，因而货架的设计往往需针对不同的商品尺寸与承放方式作有针对性的设计，从而达到既满足实用功能，又能吸引顾客注意力的双重目的。

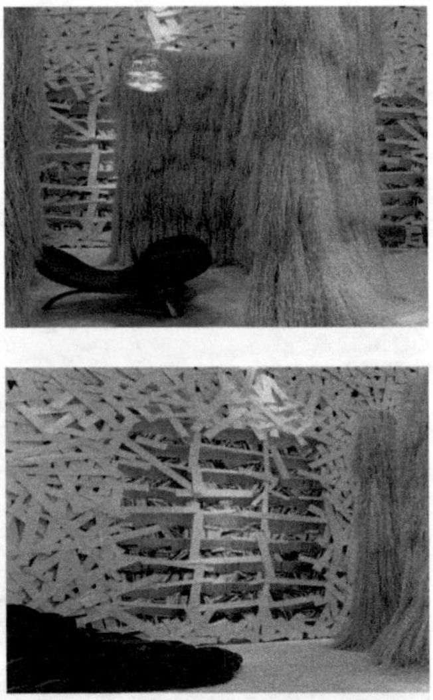

图10－11、12：利用木材与芦苇设计而成的鞋类销售空间，诠释出设计者对环保与自然风格的崇尚。

(1) 购物环境设计

购物环境是为满足消费者不同购物要求和目的而设置的场所，其依据不同的经营性质和规模，主要可分为百货商店、专卖店、超市和综合性购物中心。它们在解决上述基础共性问题之外，已越来越作为展现企业形象的一种重要手段而向着求新求异、品牌化、特色化与周期性更换的方向发展。随着商品种类的极大丰富，商店货架、展柜的设计除了人们常见的折装式活动开架、展台、陈列柜、封闭式柜台等形式，目前也有许多是呈定向化设计发展的，它们形式新颖、材质独特的整体化布局往往能产生强烈的视觉冲击力，形成与商品特色相承接，能在顾客心中留下深刻印象的效果。如利用不锈钢管高低错落环绕整个展位的整体式挂衣架，就有别于传统衣服展位多以靠墙式与岛式相结合的组合陈列方式，从而使空间以一种与众不同的流畅感而先声夺人。

在照明设计上，大多数购物环境除了普通的泛照明，都需要结合商品种类的不同采取不同的局部照明手段来对重点商品作强调。它们作为普通照明的补充，有的可结合陈列柜作背景光处理，有的可暗藏于层板底部作局部强调处理，有的又可利用光导灯、射灯等特殊照明手段的处理以形成艺术化光照效果，烘托出环境氛围。一般而言，普通照明多采用色温在3500～5500K的中色温节能灯，局部照明因灯具类型的差异也不尽相同，它们相互补充、彼此呼应，是构成整个购物环境空间层次律动变幻的又一手段。

图10－13、14：两则运用不同材料与形式进行表现的商业橱窗，以十分简练的形式、鲜明的主题突出了商品。

此外，橱窗也是购物环境中一个用以展现商店营业内容与经营特色的重点部位，其依据所处位置的不同主要可分为沿街式与岛式。沿街式橱窗作为室外与室内的过渡，与建筑外墙的关系主要分内凹、外凸和齐平式，内壁又分封闭、开敞和半通透式。它的设计内容，除要借助各种设计手段、道具、照明形式以达到展现主题的目标外，外墙用材也要与建筑外墙相协调。在照明上，为防止街道环境照明对橱窗玻璃面形成反射景象，橱窗内往往需要有足够的照度值，通常展台平面平均照度应保持在300～500lx，重点照明可提高到1000lx，并结合前后、侧面等多角度的补充照明以突出商品，而岛式陈列则主要借助购物环境中的泛照明，重点为道具组合。

(2) 餐饮空间设计

餐饮空间是人们用以享受美食、感受饮食文化的室内空间，其依据不同的营业性质主要可分为宴会厅、中餐厅、西餐厅、快餐厅、火锅餐厅、酒吧等类别，因而布置方式与就餐环境也不尽相同。

宴会厅常用于餐饮与礼仪并存的活动，它与一般餐厅不同，常分宾主，重布置，讲秩序，室内空间常作对称规则布局，为体现一定的弹性空间，常在周边设置活动的隔断以方便餐厅在不同的使用需求下，可随之产生相应的使用功能。同时，这一类餐饮空间设计还需在辅助设施上配备有音响、备餐室和休息室等相应空间，以使主席台与观众席之间能更好地开展各种活动。在设计观众席时，餐厅面积一般以1.85m^2/每座计算，指标过小会造成拥挤，指标过宽易增加工作人员的劳作时间和精力，同时在设计顾客就餐活动路线和供应路线时应避免交叉，在空间允许的情况下，上菜与收碗碟路线也宜分开。

图10-15：具有家庭般浓浓氛围的餐饮空间，让顾客享受到的不仅是可口的美味，更是情感交流的好场所，它决定了餐饮空间设计的更高境界。

而在设计一般餐厅时，就餐区还需依据餐厅不同的经营性质与就餐人数来决定客席所要采取的具体形式，以及大众席与包厢的合理比例，以满足消费者对不同就餐环境的特殊需求。在陈设与色彩的设计上，也应以能凸显餐饮文化与环境氛围为更高目标，使消费者在享受美食的同时，精神境界也同样得到熏陶。

4. 其他空间的设计

除上述几种室内空间外，室内空间类型多元化发展的本身就证实了这是一个人类不断创造适宜环境以满足自身各种生理与心理需求的结果，它很难逐一例证，并随着时代的变迁还将不断细化，产生出更多值得我们不断深入探讨的类型。但总体说来，不外乎可供人们满足视听需求的观演场所、可供人们接受各方面信息的展示场所和文化场所、可供人们开展各种室内娱乐活动的活动场所、可供人们外出休息的旅游建筑室内设计等。在具体的设计中，它们各自具有需要深入探讨的人体工学问题、声光热等问题。合理解决好这些问题，需要我们在日常生活中不断地积累，不断以对生活的体察为基础，迅速顺应这一潮流。

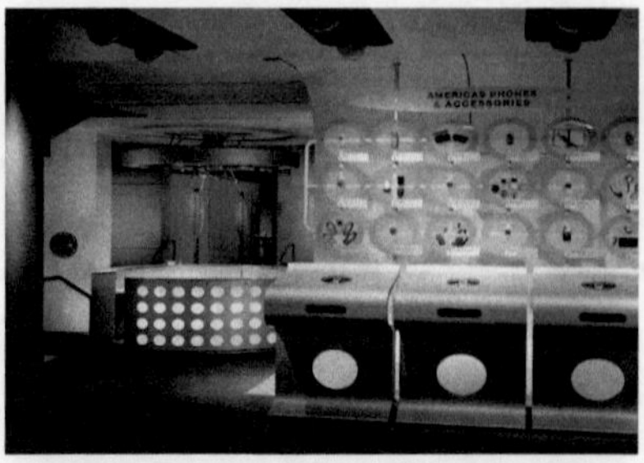

图10-16、17、18：任何一个具有和谐美感的空间，都必须在空间的经营性质、功能以及表现形式等诸方面达到完美统一，才能共生出与众不同的特质。

图10—19：商品种类的千差万别决定了商业空间的设计必须具有纷繁的复杂性。图中大面积幽暗的灯光处理，恰好可用来突出陈列在小面积展柜中的珠宝手饰。

本章重点与习题：

1. 为什么说居室是每个学习室内设计的初学者，在学习过程中要首先接触的一种空间类型?它在设计上存在着哪些特点?
2. 以某种商业空间类型为例，说明其在设计上应注意协调好哪些方面。
3. 试以不同的橱窗类型，分析在布置道具与灯光时存在着哪些差别。

第十一章 设计前的准备

室内设计是一个理性的思考与有序的工作过程。正确的思维方法、合理的工作程序是顺利完成设计任务的保证。设计方法的研究、工作手段的完善是职业设计师的终身课题。然而，万事开头难，为了给室内设计的初学者打下一个初步的学习基础，本章主要介绍室内设计的一般程序，并对室内环境设计中的具体方法作初步的探讨。

图11-1：任何一个空间的设计都需要设计师首先对环境的基地概况、建筑的结构类型以及历史文脉有详细的了解，才能进行而后的设计步骤。

1. 准设计阶段的工作

设计师在接到设计委托之后，马上就出图的情况并不多见。设计师首先考虑的是设计前的准备工作，即所谓准设计阶段的基础工作。准设计阶段，指的是与设计有关，但尚未展开设计程序的工作阶段。所做的第一件事就是研究设计任务书，弄清设计内容、条件、标准等问题。在非常条件下，设计的委托方由于种种原因而没有能力提出设计委托书，往往只能表达一种设计的意向，并附带说明一下自己的经济条件或可能的投资金额。在这种情况下，室内设计师还不得不与委托方一起作可行性研究，拟定一份合乎实际需求的、双方都认可的设计任务书。拟定设计任务书，务必要与经济上的可能性联系起来考虑，因为要求是无限的，而投资的可能性则往往是极为有限的。

室内设计的准备工作不仅包括要对室内空间所处的外部环境作各方面的细致调查，还应对建筑的历史文脉和既往风格有充分的认识，只有做到两方面的充分结合，才能确保对场所精神的真实再现。

图11-2、3：对旧建筑的改造尤其需要设计者以一种尊重历史的态度去寻求对旧厂房历史风貌的再现与使用功能的更新，这对设计者设计前的准备工作的开展提出了极为严格的要求。

了解设计任务书的目的主要在于两个方面：一是研究使用功能，了解室内设计委托的性质，以及满足从事某种活动的空间容量。这如同器皿设计，先了解所设计的器皿容纳什么物质，以便确定制作它的材料与方法；其次是对器皿的容量研究，以便确定体积、空间大小等数量关系。二是结合设计命题来研究所必需的设计条件，搞清所设计的项目要涉及哪些背景知识，需要何种、多少有关的参考资料。在准设计阶段，室内设计的资料收集工作往往占据了设计师的大量时间。所收集的设计资料可分直接与间接两种。所谓直接参考资料指的是那些可借鉴，甚至可直接引用的设计资料。例如，根据设计任务书的要求，满足某种特定活动，相应地收集人们对从事这种活动的人体尺度的研究成果(查阅设计资料集成一类的书籍、拷贝必要的动作尺度图解)，甚至用摄影的手段去收集并研究人们在类似空间中的行为、习俗以及有倾向性的人流线路。借助这类资料来明确所要设计的空间的功能分区问题，如静、闹、主、从关系。为了尽可能少走弯路，有必要收集大量的与所委托的设计性质相同或近似的设计实例，如分析其他设计师(包括前人)的成功经验与失败的教训，从中找到自己的方向。收集资料时，对大的空间关系的处理显然是居首要地位的。但是，对装修材料、构造方法，尤其是区别新型材料做法和典型的传统做法的差异是不可忽视的。在可能的情况下，对地面、墙体、天花板等建筑材料和照明、家具、纺织品、日用器皿等工业产品的品种从规格到单价都要有一个明确的列表，分出主要产品和样品。

所谓间接参考资料指的是那些与设计有关的文化背景资料。相对于前者，这类资料的收集要费力一些。人们对任何室内空间的要求并不是从天而降的，任何室内空间的产生都有其深远的历史背景和文化渊源。以剧场内部空间为例，从古希腊到今天已发展了几千年，文化脉络不同，内部空间的要求则大相径庭。尊重历史地"回头看"对我们从事有文脉、有个性、有地方特色的室内空间是不无裨益的。在现代社会里，人们越来越不满足于所谓"功能主义"的室内空间了。每个民族都有其特殊的审美习惯、生活习俗、经济条件和所在地区的物产特色，设计师不可能用统一的模式来解决所有的问题。因此，要真正做好某项设计，就得去理解所设计的内部空间的服务对象。间接资料的好处正在于它能帮助设计师加深这种理解，提升设计师的文化修养。在准设计阶段，不断地收集并消化间接设计资料，设计师的构思、立意就可能自然而然地产生了。间接资料越多，资料的可靠性越大，设计构思的依据就越充分。所以，资料工作并非是一件可有可无的软任务。收集设计资料，除了就事论事地帮助个别项目设计工作顺利进行的作用之外，它还有帮助设计师进一步完善自己的职业修养的作用。因此，还要注意系统地整理、保存这些资料，妥善地利用这些设计资料，以便温故知新。初学者往往条理不够清晰、丢三落四，造成虽资料繁多，但无从下手查阅的现象。从学习室内设计开始，就应当建立起自己分门别类的"资料库"，将各种收集的资料按不同的用途和门类纳入自己的资料库，并制定方便检索的目录，这是学习过程中就应当养成的职业习惯。

准设计阶段的另一项重要的基础工作是对设计条件的考察与分析。常言道："兵马未动，粮草先行。"为了避免"巧妇难为无米之炊"的难堪的设计局面，对做设计的条件反复进行考察是极为必要的。考察的内容之一是施工水平。设计是靠施工来实施的。设计构思再好，施工环节能力低下，事倍功半。设计做得再合理，施工方面一再延误工期，造价可能就会提高。如果对施工环节放任自流，必然会造成全面的损失，最后弄得面目全非，可谓是劳民伤财。实践证明，设计师的能力是有限的。施工的开始并不意味着设计工作的结束，施工中产生的施工工艺问题，往往会使设计内容根据施工情况作必要的修改与调整。这些实际问题必然要求设计师深入现场与施工部门配合，并优选出最佳解决方案。施工水平高，设计意图则能得到较完整的实现，不但能避免失误，还可能给设计增色。总之，在准设计阶段所做的基础工作能帮助设计师清楚地认识设计任务的性质与工作条件，预先了解该做什么、能做什么这类现实问题。此后，设计师才能按现实的可能性展开设计程序。

图11—4、5：两则对旧厂房进行改造的设计实例，对其内部空间的改造首先取决于设计者对原有建筑构造的充分调查与技术性把握。零件式的背景设计凸显了设计师对原有空间进行含义与形式挖掘的双重理念。

2. 对建筑环境的分析

建筑环境与室内环境设计有着直接关系。既成的建筑对室内环境设计有着极大的限制和制约。对建筑环境作深入考察的目的在于发现问题，找出原有建筑空间与所要求的室内空间效果的矛盾，以及可利用、保留甚至可发展的空间元素，以达到因势利导、节省资金、以逸待劳的设计效果。对建筑环境的研究最敏感的是原有结构与功能的矛盾，其次是尺度问题，最后是材料与色彩等问题。这些问题既包含技术因素又有潜在的艺术因素，它们既是室内环境设计的限制，又是室内环境设计的条件。建筑结构一般来讲是室内设计不可变更的因素。除非因室内空间的必

室内设计不是一项可随心所欲进行表现的工作，它需在一定的限制条件下，经过巧妙的改良与利用，才能化不利为有利，这是体现一个设计者设计能力的重要方面。

图11-6：作为处于同一界面内外两个部分的室内与室外空间，不是相互孤立与彼此分割的。如何使它们彼此渗透历来是室内设计的一个重要课题。现代建筑大面积地扩大窗户面积与幕墙玻璃的做法，在客观上为这种视野的交流提供了先决条件。

要功能由于结构的限制而得不到满足，设计师才在室内环境设计过程中局部更动原有的建筑结构。如因室内活动需要，开启新的门窗、过道或者更换梁架、减少支柱。对原有建筑作这类技术处理务必审慎，安全问题若得不到切实保证时，宁可牺牲部分室内空间的要求。从本质上讲，建筑结构通常是经过力学计算之后的合理产物，它的存在是支撑整个建筑空间的前提，有时甚至是一种技术美的表现，是建筑空间特质的表现。室内环境的设计，并不一定要隐匿原有的建筑结构，有时甚至反而要强调原有结构。举例来讲，一个旧建筑改建的博物馆内部空间的设计，是利用原来的旧厂房改造而成的。对室内设计师来说，按自己的要求拆除房屋、重新组织空间几乎是不可能的。实践表明，任何空间都有一定的可塑性，设计师可利用架、隔、挑等不同的技术手段，在原有的大空间中创造小空间以至新的空间序列。当然，在原有空间可塑性较小的情况下，改变空间功能难度可能要大一些，但作为设计师仍可以有所作为。以普通房间设计成画廊为例，在结构、标高等不可变更因素的限定下，设计师将工作重点放到墙面、地面和装饰性结构构件上去，造成新的空间气氛。显然，因地制宜的设计手法是室内设计师最常见的基本功。由此可见，只有理解了原有建筑结构之后，才能确认设计构思，达到预期的目的。设计手段是多种多样的，建筑结构的确限制了设计师，而设计师又因为这种限制产生创作的灵感。往往成熟的室内设计师对来自建筑结构的限制是持欢迎态度的，对因此而带来的问题会有较强的化解能力，并会因此而创作出更富于想象力的空间。

3. 对自然环境的研究

户外环境指的是自然环境和城乡大的环境。对室内设计师来讲更直接的是建筑周围的物质环境。在都市与乡村，我们常见的是房屋毗连的景象。在风景区，常见的是景观环抱建筑的局面。通常，离开规划课题，由内向外看是室内设计师的工作习惯。每个设计师都不满足于被封闭在孤立的空间中工作，总试图将人们的视野扩大到周围的环境中去。对环境的研究，首先要对室内空间周围的环境作出正确的评价，而不是不分优劣地乱用与环境结合的设计程式。如果室内空间周围的景观优美，则可在门窗开启上做文章。我国古典园林中用借景、对景等手法在沟通室内外空间技巧上给我们留下了丰厚的设计遗产，可供借鉴。但是，并非所有的外界环境都是美好的。如果外界环境遭到一定程度的破坏，景观杂乱，噪声大、小气候不甚理想

图11-7：远借室外的绿荫，使室内增添了更多的生机，这充分体现出内外两部分空间相互渗透的作用。它不仅改善了室内的采光，而且还深化了空间的意境。

时，设计师有时不得不设法封闭门户，甚至在户外加上一个隔离带。

在资金充裕、条件许可的情况下亦可将室内设计延伸到室外，如将普通的隔离空间设计成富有特色的庭院，以打破室内空间的封闭感，借这种过渡性空间来调节室内气氛。在一般情况下，封闭的空间会使人感到压抑，在可能的情况下，在室内引入太阳光或自然光线，调节好自然通风具有很大的实际意义。实践证明，阳光和自然通风是能通过设计手段引入室内的。也就是说，良好的自然通风，也可以通过对自然地形的利用和建筑朝向的选择，配合门窗的开启得以合理实现。我国传统的民居建筑，尤其是南方民居，在这方面积累了很多经验，值得参考。

对人文环境的了解，有利于室内设计师更好地把握室内精神环境的脉搏，创造出更具内涵力的空间品质，它是体现室内设计师文化修养的一个重要方面。

4. 人文环境的研究

环境的主宰是人。对人、对人文环境的研究也自然是室内环境设计的重要课题之一。不同的种族，不同的文化背景，不同的地理、气候条件使人们有着不同的生活习惯和审美习惯。在不同的经济条件下，人们也会提出不同的“舒适度”要求。室内空间的使用对象是多种多样的，设计师还不得不对特殊的个人和集体进行研究，这还涉及社会学的问题。对这类问题进行研究，主要的着眼点是：

(1) 与文化背景有关的审美习惯问题；

(2) 与文化背景有关的生活习俗的差异；

(3) 与受经济条件制约而可能提出的不同功能要求。

然而，对这一问题进行研究是十分必要的。对空间使用对象的文化背景了解得越深入，设计师的决策便越有说服力，室内环境设计就不至于流于千人一面，这是重要的设计环节之一。这个设计阶段的工作并不是孤立的，它自然要与准设计阶段的资料工作挂起钩来。从资料中分析提炼出形象的符号和有代表性的空间构成构件，以至形成特别的技术措施，这才算是实际的设计成果。

图11–8、9：不同的民族文化孕育了不同的民族装饰风格与室内陈设文化，图中富有伊斯兰民族风格的室内空间即传递出其极具特色的界面装饰效果与教派文化。如何把握这些文化符号更好地使其成为我们每一个室内设计者体现场所精神的载体是需要在日常生活中不断予以积累的。

图11—10：幽静的室外环境为室内空间增添了富有诗意的想象空间。在现代商业化运作的市场经济背景下，这有利于提高其商业价值，它体现了人类回归自然的本质属性，设计师应好好把握这一点。

本章重点与习题：

1．哪两方面是我们进行室内设计前必须着重进行分析和考察的？
2．在进行室内设计前，对人文环境的研究应着眼于哪些方面？
3．举例分析，为什么说建筑环境既是室内设计的限制，又是室内设计的条件？

第十二章 室内空间与界面

1. 室内空间与界面

相对于自然空间，人类构造建筑物的目的就是利用建筑界面所围合形成的空间。春秋时期，我国著名的思想家老子就曾在其《道德经》中提出“埏埴以为器，当其无，有器之用，凿户牖以为室，当其无，有室之用，故有之为利，无之为用”的著名论述，用现代汉语可以这样表述：“揉和陶土做成器皿，有了器具中空的地方，才有器皿的作用。开凿门窗建造房屋，有了门窗四壁内的空虚部分，才有房屋的作用。所以，‘有’给人便利，‘无’发挥了它的作用。”这句话形象生动地论述了建筑的“有”与“无”的统一、界面围合与空间利用的辩证关系，也揭示了室内空间的围合、组织和利用是建筑室内设计的核心问题，它们是相互依存、不可分割的。

空间这个概念有着相对和绝对的两重性，这个空间的大小、形状被其围合物和其自身应具有的功能形式所决定，同时该空间也决定着围合物的形式。“有形”的围物使“无形”的空间成为有形，离开了围合物，空间就成为概念中的“空间”，不可被感知；“无形”的空间赋予“有形”的围合物以实际的意义，没有空间的存在，围合物也就失去了存在的价值。

图12-1：建筑界面是使室内空间得以产生不同形态及影响人产生不同心理情绪的最关键性要素。图中徐徐下降的巨大混凝土柱子使走廊产生出音乐般的韵律与节奏。

图12—2、3：钢结构建筑的诞生使传统的矩形室内空间发生了革命性的变化，大跨度、流线形的屋顶为室内增添了极富动感的空间感受。

然而，由于建筑结构和建筑的特殊性，单纯通过界面所围护的空间有可能并不适合人们的需要，因而，对室内空间的形态进行规划和调整，以满足人们对各类空间的需求就成为必然。如通过扩大门窗面积可以使室内外空间产生良好的交融和渗透效果；通过在地上增设地台或吊顶可使空间产生出不同的领域感；通过利用桅杆支撑的大跨度双曲薄膜屋盖可使空间产生柔和、律动的效果；采用共享空间可使人不由自主地产生通透、开敞的心理感受……可以说，这种种感受的产生，离不开空间与界面之间相互交融、作用的结果。它们在建筑结构、材料不断更新的今天，其形式、尺度、比例还将不断地给予人们新的视觉感受与艺术享受。

2．空间定性的依据

室内空间的使用功能在室内设计过程中是主要问题。对功能问题的研究无可非议地是属于第一位的设计研究课题。室内空间的性质决定了设计任务的性质。经过对设计任务书的研究和资料的分析之后，设计师对功能问题有了一个初步的感性认识。按传统的建筑分类来认识今天的建筑环境是不太科学的。比如，在旅馆、别墅、住宅(公寓)几类建筑中都有可居性功能问题。传统概念中的工业建筑引进现代电子设备之后，不断地出现了传统的所谓民用建筑所包含的功能；而大量的先进工业设备引入公共建筑之后，原来所谓公共建筑又反映出了许多所谓工业建筑的功能要求。所以，在研究建筑内部空间的时候应以人的活动与空间关系的探讨作为研究室内空间功能的着眼点，而不是囿于某种程式去分析设计中的功能问题。按照现代人的生活内容与方式，我们大体可将室内空间分为：居住空间、视听空间、展示空间、商业销售空间、办公空间、观赏娱乐空间、生产与特种技术空间，等等。这些都是对空间性质进行定性的依据。

任何室内空间布局都必定包含对空间主从关系、闹静分区与人流组织这三大内容的处理，但在不同性质的空间中它们还存在着不同的差别，这需要室内设计者予以区别对待和认真分析。

3．室内空间的主从关系

对空间定性是解决设计问题的开始，进一步要解决的问题是如何根据空间的使用性质来安排空间关系。室内空间有主次之分。其中，有供人从事特定活动的主要用房和辅助人们完成这一活动的从属用房，这也就是所谓主和从的空间关系。例如，我国传统民居中的堂屋之所以成为家庭活动的中心，是以环绕它或直接与它毗连的一系列辅助用房为条件的。任何一个餐厅，之所以能开展营业活动都是与其背后有一系列辅助空间不可分割的。任何一个城市的汽车站、火车站、航空港、码头都少不了一个舒适的等候厅，相应地也有一系列辅助设施以确保正常运转。从实践中我们也清楚地认识到：解决室内空间的功能问题，首先要弄清主从空间的相互制约性；人们从事生产、学习、生活等活动对室内空间要求不是单纯的空间容量要求，辅助空间是完成人们活动要求的必不可少的空间内容。在室内设计师的头脑中明确地建立主从空间的概念，有助于分析复杂的空间矛盾，从而有条理地组织空间。当室内设计师与建筑师协作完成一个新建筑时，他可根据自己对内部空间主从关系的研究，向建筑师提出具体的面积、尺度、流线或室内空间衔接方式等方面的要求，以促进内外空间设计的同步发展。当室内设计师的工作对象是一栋旧建筑或者是一栋已竣工的新房屋时，室内设计师也能按照自己对主从空间的理解，在结构条件允许的情况下，对原有建筑内部空间关系做必要的调整。一旦室内空间的主从关系得到妥善的处理，室内装修工作的主次也就跟着分明了。

图12-4： 通过将局部吊顶下沉的手法，在巨大的演讲空间中自觉形成了报告区与听众区，主从关系溢于言表。

4. 室内空间的静闹分区

在处理室内环境设计的功能问题时，还要注意一个闹与静的空间关系问题。任何一组空间的存在都不是孤立的，内部空间必然受外部空间的一定影响。人类的活动，相对来说有动与静的差别。如，住宅中的起居室、门廊与餐室可视为居住空间中的闹区；而书房和卧室则相对是静区。学校中的教室、体育活动场地、实习工厂、音乐室可视为闹区；而教师的办公室、教研室以及阅览室则可视为静区。现代宾馆中的门厅、商场、舞厅与餐厅可视为闹区；而客房区则可视为静区。然而，在很多情况下，由于分工的限制，室内设计师干预不了建筑总图设计阶段和平面设计阶段的工作，尤其是建筑成形以后再提出问题已为时太晚，有时，室内设计师还要面临在原有建筑内改变使用功能的设计任务。因此，室内设计师往往只能利用技术手段来处理静、闹空间的隔离问题。例如产生噪声极大的舞厅及其他娱乐空间的设计，这类空间的噪声、震动很大，往往对其他空间区域的质量产生影响。设计师在原有建筑内处理这类空间，唯一的办法则是运用隔声材料及减弱震动的构造技术来补救。

图12-5、6：展示空间中利用局部空间划分手段所形成的独立展区，使顾客在行为上不自觉地产生出一定要仔细观赏的心理。

5. 室内空间的流通

内部空间的流通关系是对空间使用功能进行研究的又一个重要课题。人们在室内从事特定的活动，就要完成一定的行为动作，或者是按照一定的程序完成一组动作。个

对室内界面采用何种艺术表现手法，需首先以对建筑界面结构类型的了解为基础，才能不断实现其艺术表现性与实用功能的完美结合。

别动作需要单位空间容量，集合动作则需要整体的空间容量，而一系列动作则要求有个空间序列容量。因此，满足动作的需要是该设计阶段的工作重点。主要设计环节是：①空间容量设计；②空间序列设计；③水平及垂直交通枢纽的设计。

人在室内空间的动作幅度能以量化形式进行分析。这种把不同行为作为空间的基本尺度的研究便于我们确定单位空间容量，找到做设计和确定尺寸的起点显得很有必要。但是，人不是静物，不是笼中之鸟，人会不断运动，各种动作之间也是有连续性的。因此，对空间容量的考虑应有一定的余地，除了满足个别行为需要的空间体积之外，还要考虑同一种行为的多人次重复，以及其他行为同时发生时的复合性要求，这也是最基本的空间流通关系。例如，在餐馆中，人们的基本行为是坐下来吃东西，首先得确认单位空间尺寸，然后考虑二人组合、三人组合以至于八人组合所需要的空间大小；再加上服务员提供食品、清洁桌椅之类的空间活动要求和顾客进出、服务员迎送的流通空间，这是最基本的空间容量问题，然后综合各种要求来拟定平面尺寸，布置家具与电器。类似的情况很多，也必须要作相应的考虑。如剧院的观众厅、学校的演讲堂、电化教室、文化娱乐场所中的棋艺室、舞厅以及商业建筑中的营业厅和交通建筑中的候机、候船室等。人们从事任何一种活动，往往要依次做若干种动作之后才最终完成。例如，去音乐厅听音乐就得先后完成买票、候演、欣赏、休息、再欣赏、疏散等不同的活动动作。所以，考虑一个音乐厅的内部空间就得按人的行为动作程序安排空间序列，也就是说将人的一系列活动所需求的内部空间依次连接起来。当然，这种连接并不是简单生硬的碰接，空间之间的过渡关系要处理得十分得当。另一个与空间流通密切相关的问题是内部空间中的水平与垂直交通问题。常识告诉我们，没有良好的水平交通安排，家庭中的起居面积就会变成门与门之间的过道，失去宝贵的使用价值。没有良好的垂直交通设计，旅馆的门厅就会拥挤不堪，从而造成使用上的混乱。在现代建筑中，空间流通堪称纵横交错，良好的人流组织与顺畅的交通流线直接关系到设计质量。尤其是在那些人流频繁的交通建筑、商场、影剧院、博物馆、旅馆等公共建筑之内，水平、垂直交通安排与人流组织是十分重要的，要达到的主要设计目标是：①人流分配得当；②流线组织合理；③疏散方便、安全。上述有关室内空间功能问题的讨论只是这些研究的一个侧面。重要的是设计师如何用自己的手段来解决所面临的实际设计课题。

图12-7、8：现代建筑的空间特征表明，空间之间的流通必须将纵向交通与横向交通综合为一体进行统一布局，才能有效解决实际需求。与此同时，在不同的空间形态与材质表现下，它们还是突出空间特色的重要载体。

设计师就应该用设计师的语言来回答问题，用体现在图纸上的思维成果来实施。功能分析图是完成室内环境功能分析的有效手段，这种图形能避免对实际功能问题作漫无边际的讨论和纠缠，从而确保设计进度与合理决策。

6. 室内界面的处理

室内界面，即围合成室内空间的底面、侧面（墙面、隔断、家具）和顶面，在现代室内环境中其大多为各种材料所覆盖，具有既能构成室内空间，又能美化空间的作用，因而如何选用好、搭配好它们同样是一个直接关系到整个室内设计实用性、经济性、环境气氛和美观与否的实质性环节。要处理好它们，必须注意以下几个方面：

(1) 应根据不同功能性质的室内空间来选择相应类别的界面装饰材料。如居家需要温馨恬淡，会议场所需要整洁庄重，娱乐场所需要欢快愉悦……这些都与界面材料的质地、性能密不可分。

(2) 应根据不同的建筑装饰部位选择具有相应物理和化学性能的界面材料。如地面往往要求具备耐磨、防滑、易清洁、防静电的性能，顶棚往往要求具备质轻、光反射率高、隔声、吸声、保暖、隔热效果好的性能。

(3) 应积极创新界面的艺术化表现手法，突出可更新性与独特性。

客观地说，人对于室内环境氛围的感受，即来自于这些界面形状、尺度、比例、质地、色彩综合作用的结果。它们从总体上而言虽互不可分，但在局部部位也可以重点运用某一手法，或以图案，或以纹理，或以结构等都可使界面产生局部与整体间的对比关系。有时虽空间不变，但界面通过运用各种不同线形、大小、色彩深浅的花饰图案的划分配置，各类不同光洁度和通透度的材质的修饰，往往又可使人产生较实际空间不同的空间感受。如垂直划分能使空间产生紧缩增高感；水平划分能变得略显开阔；颜色深的顶面可使空间高度略感降低；颜色浅的则略显提高；图案大的能使空间的尺度感变小，而小的具有增大功能；坚硬、光滑的材质能使空间产生挺拔冷峻感；木材、织物等又具亲切感。由此可见，相对于结构性界面，界面的后期装饰往往更具灵活性和可变性，它可使室内空间在保持结构界面不变的前提下，以最经济的手法变化出各不相同的空间形态，进而为精神品味的展现提供可想象的舞台。

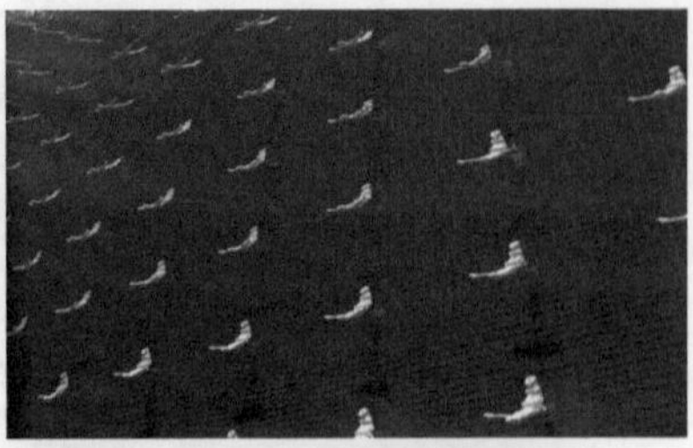

图12-9、10：采用阵列的手法进行墙面处理的楼道空间，具有独特的艺术感染力，衬以蓝色的玻璃马赛克背景，餐厅特色展露无疑。

图12-11：商业空间中运用凹凸不平的壁柜进行装饰的墙面，既可用于陈设商品，又突出了界面的形式美感。

图12-12：用织物软包进行抽象化山水图案处理的界面装饰物，对烘托餐厅氛围起到了极为重要的作用。这不仅得益于题材的表现，还得益于色彩信息的传递。

本章重点与习题：

1．试从室内空间与界面的相互关系入手，阐述它们之间的辩证关系。

2．从现代建筑的空间布局特点入手，分析在设计公共空间时，应从哪几方面来满足人流组织的基本目标。

3．要处理好室内界面必须注意哪些方面？

第十三章 室内设计基本程序

通过对室内设计项目的深入研究和前期的准备工作，在把各种要求、条件及制约分析整理后，基本上可以确定设计方案的方针和原则。接下来的工作就是在这些前期准备工作的基础上，应用图式的方法，将具体的内容和形式落实到具体的空间中。这一阶段，不同的设计师有着不同的设计方法和习惯，很难一概而论，但一般都是从平面及剖面的草图设计开始，然后在比较完整的草图基础上，对方案进行深入的细化和修改，经过这样多次的反复，使设计方案趋向完整，然后根据需要，分别绘制出各个不同位置的平面图、立面展开图、天花平面图（包括灯具、空调出风口、烟感器位置等）、透视图（效果图）等，并按要求撰写有关的设计说明等，形成较完整的初步方案，在经过与委托方的协商与讨论后，最后确定方案的修改意见及基本要求。经过若干次的反复修改确认，最后的设计以施工详图的形式完成设计过程，并付诸实施。这个设计程序往往因工程不同而各异，设计的过程也各不相同，但设计程序还是有其基本规律可循的。一般的设计都可能经历这样一些程序：

图13—1：室内设计是一个有条不紊、循序渐进的设计过程，它需要设计者首先具有一定的工程制图技能与绘画表现能力，才能将各自的设计意图表现出来。

图13-2、3：草图是快速记录设计者思维演变过程和进行设计意图表达的最有效方法，同时它也是反映设计者的绘画功底的一个重要方面，而绘制草图却是当前许多设计师所十分缺乏的一种能力。

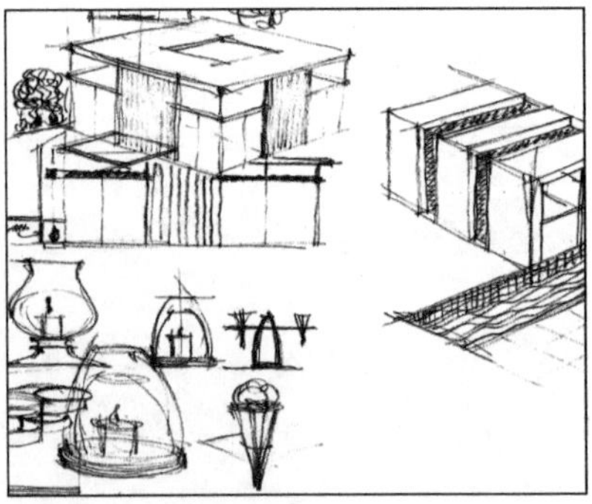

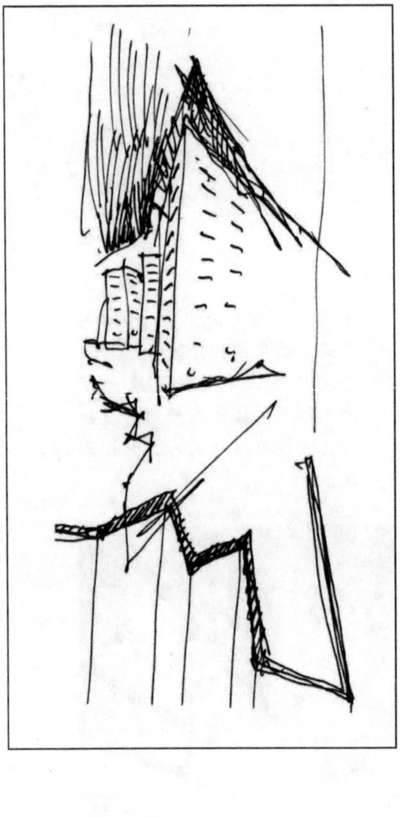

1. 从画草图入手

草图设计是一种综合性的作业过程，也是把设计构思变为设计成果的第一步。同时也是各方面的构思通向现实的路径。无论是从空间组织的构思，还是色彩设计的比较，或者是装修细节的推敲，都可以以草图的形式进行。对设计师来说，草图的绘制过程，实际上是设计师思考的过程，也是设计师从抽象的思考进入具体的图式的过程。因此，尽管设计的成果可能是以电脑辅助设计或其他形式出现，但草图的阶段对大多数设计来说，都是一个不可或缺的过程。

虽然说一项设计工作要求是先要有好的创意，然后再进行具体的工作，也就是说有了“想法”后再动笔，所谓“意在笔先”。但在日常的设计工作中，一个好的构思或创意一开始并不是非常完整，往往只是一个粗略的想法。只有在设计的深入思考过程中，好的构思和创意才能不断地深化、完善。因此，不能要求设计师在考虑构思面面俱到后才动手设计。实际上，草图的过程就是这样一个辅助思考的过程。

设计师的草图有多种形式，可以是以较严格的尺度与比例绘制的平面、剖面图，也可以是完全以符号、线条等表示的分析图，甚至可以是借助透视技法绘制的比较直观的室内环境分析图。这一阶段的草图主要是供设计师自己分析与思考形象材料，绘画的形式也无特别的限定，关键是能在草图中表达设计的重点，能够帮助设计师深入思考、发现问题并为设计的深入提供形象的依据。

从草图开始，设计师就应当对室内的功能分区、设计的形式与风格、家具的形式与布置、装修细节及材料等进行统一的构思，确定大致的空间形式、尺寸及色彩等主要方面。

2. 形成初步方案

在草图绘制的基础上，设计师可以通过各种方法的比较、推敲、权衡，对设计的初步方案进行深入细化和修改。在这个阶段中，与委托方的沟通是必须的。设计者应当通过各种方式，完整地向委托方表达出自己设计的构思与意图，并征得对方的认可。如果在设计构思上与委托方有较大的差距，则应当尽力寻求共识，达成一致的意见，因为任何一个成功的设计，都是被双方认可后才有可能成为现实的。

在这个阶段的后期，所有的图纸在经过修改和核准后，应当按适当的比例绘制成正式的图纸。按照设计的要求，室内设计的方案的文件通常包括：

(1) 总平面（如果设计包括同一楼层，不同位置的各个室内总平面是必需的；如果有几个楼层，还需要相关楼层的总平面），通常的比例是1：100以上。

(2) 各个室内的平面图（包括家具的布置），通常的比例是1：50或以上。

(3) 各室内不同方向的剖面图或立面展开图，可表示室内各个立面的装修设计情况及家具的形式，其比例通常与相应的平面一致。

(4) 天花板平面，能表示出室内灯具、天花板吊顶设计、空调出风口位置等状态，通常采用与平面相对应的比例。

(5) 室内透视图，通常为向委托方详尽地表达设计的意图，显示设计成果，在设计的方案阶段，用较细致的方法绘制出室内主要部位的透视效果图。尤其是在电脑辅助设计手段普遍采用的今天，用三维软件制作逼真的透视效果图则是通常的方法。

(6) 必要的分析及示意图，这些图纸并不一定是设计过程中必须的。但在设计的初步方案阶段，利用一些图示式的分析及示意图的方式，有助于与委托方的沟通，有助于逻辑地表达设计的意图和设计师的思考过程。

(7) 较详细的设计说明与造价概算；用文字和图表的方法，完整地表示设计的意图和构思的重点，也是作为图纸和透视图的补充。

通常根据委托方需要，这一阶段的工作的成果——各项不同的图纸，可按要求装订成统一规格的文本文件，如A3或A2尺寸的文本。通常效果图及主要的平面等图纸还可装裱成较大幅面的版面，以供有关人员在会议或其他场合观看。

3. 设计方案的表达

室内设计的表达是一种图式的表达，根据不同的设计对象及不同的阶段，可分别采用不同的表现方式来表达设计的结果。一般的表达方式有如下几种：

(1) 平面图

室内平面图是假设经过门窗洞口将房屋沿水平方向剖切后去掉上面部分后而画出的水平投影图。它反映的内容主要有：一是房间的平面结构形式、平面形状；二是门窗的位置、开启方向及墙柱的断面形状；三是室内家具、设施（如电器、卫生间设备等）、织物、摆设、绿化、地面

图13-4：工程制图与透视图是我们将任一构想中的空间转化为现实的两个必要技术条件。

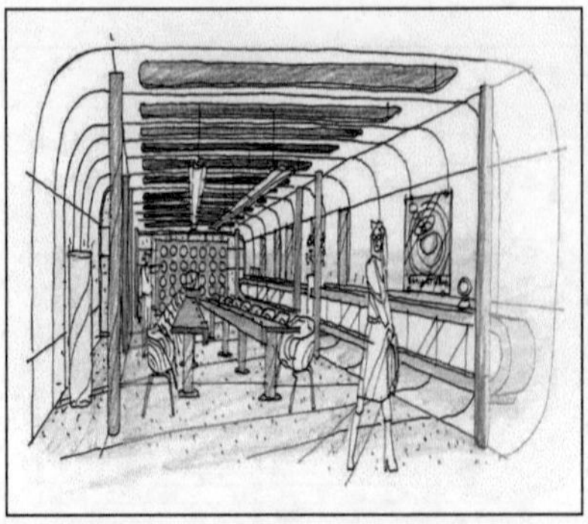

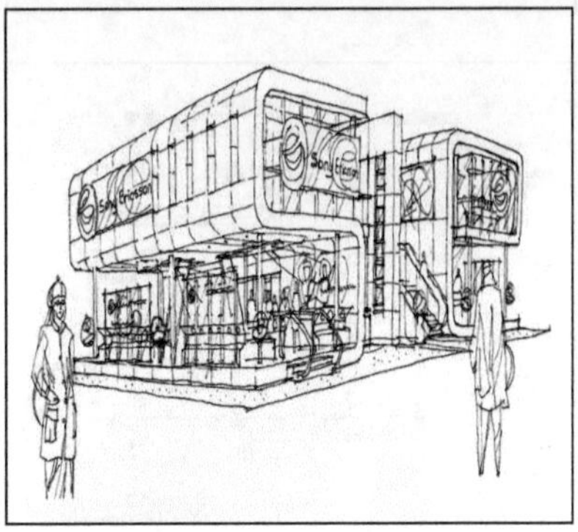

图13-5、6：线透视能快速表达设计者对设计对象形体、比例以及构造的多方面构想，它较方案图更具直观性，较轴测图更贴合人眼的透视规律，常用于设计方案的最初阶段。

图纸的表达不仅需要表明相应的图示内容，还应注重对图面黑、白、灰效果的表现，它决定了画面的艺术性表现效果，而这一方面往往容易被初学者忽略。

铺设等的平面具体位置；四是上述各部分的尺寸、图示符号、房间名称及附加文字说明（各部位所用面材名称、规格、色彩）。它们通常需用四种线型来加以表达：

粗实线——平面中被剖切的主要结构部分（墙、柱断面等）轮廓线。

中实线——墙的踢脚和隔墙、墙柱、窗台、家具等。

细实线——引出线、尺寸标注线。

虚线——吊起的家具设施、门窗开启方向指示线等所有不可见的轮廓线。

(2) 顶面图

顶面图通常指顶棚镜像投影平面图，即假想室内地面上水平放置平面镜，顶棚在地平面上所成的像。其所绘内容主要为顶棚的划分情况和吊灯及其他灯具的类型、形式、位置和详细尺寸等。其图线也分四种：

粗实线——顶面中被剖切的主要结构部分（墙、柱断面等）轮廓线。

中实线——吊顶造型等。

细实线——灯具符号、引出线、尺寸标注线。

虚线——暗藏灯槽等所有不可见的轮廓线。

(3) 剖立面图

剖立面图是对建筑物室内某个方向进行剖切后所得到的正投影图。它反映的内容为：一是室内家具、陈设和一些嵌入项目如何靠墙以及它们的竖向空间关系；二是房间围护结构（如顶棚、墙壁）的构造形式；三是上述各部分的详细尺寸、图示符号和附加文字说明。其图线主要分为以下三种：

粗实线——房间和轮廓线（剖切的天棚、墙体、地面）。

中实线——图示家具、设施的轮廓线，嵌入项目的可见部分（不可见部分用中虚线）。

细实线——引出线、尺寸标注线。

(4) 详图

详图是对平、立面图中不能详细说明的内部组合结构或细节样式，通过剖视位置及所视方向的选择，再放大比例而深入绘制的一类图，具有能进一步补充和传达设计信息的作用。它的内容主要涉及吊顶、门套、家具等的内部结构组合、材料的运用、具体尺寸的标识以及线脚等装饰物具体样式的描绘。其所绘内容及图线需依据平、立面图中索引符号所标识的具体位置与方向而定，剖切到的主体结

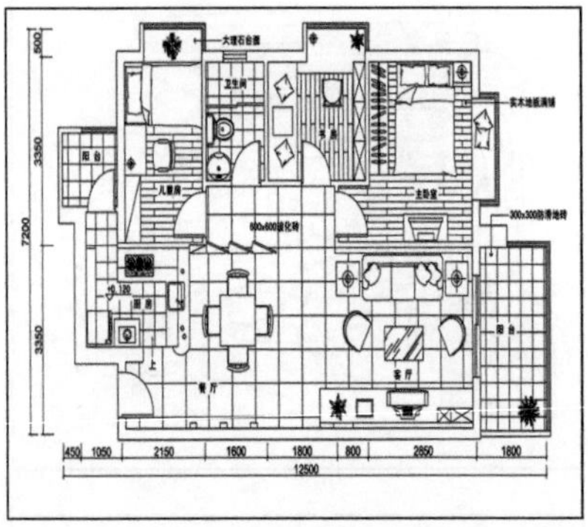

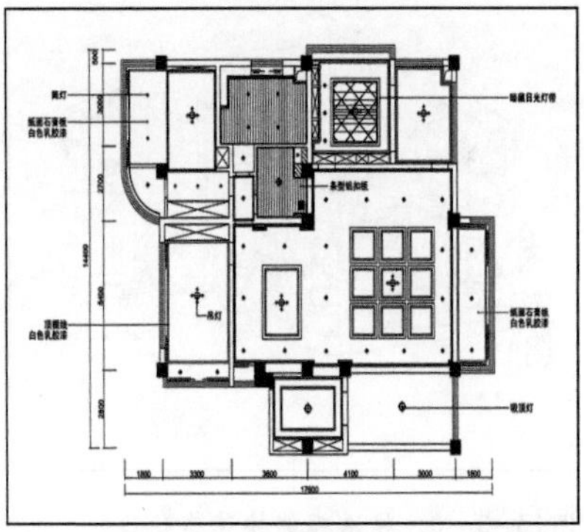

图13-7、8：依据不同户型绘制的居室平面图与顶面图，具有各自的图示重点，但原理及图线区分却大同小异。

构用粗实线，可见部分用细实线。一般可根据图纸空间的实际情况与其他视图画在一起或单独成页，比例也应根据所要表现内容的实际大小视具体情况而定。

(5) 轴测图与透视图

用平行投影法将空间形体和确定其位置的空间直角坐标系投影到投影面上得到的图形称为轴测图。轴测图是画法几何的一项内容。它用单独一个投影表达空间形体，立体感强。在用平行投影法获得轴测图时，坐标轴与投影面间的夹角不同，坐标轴在投影面上的投影长度与其自身长度之比，即轴向变形系数也不同。轴测图按平行投影法的投影方向是否垂直于投影面而分为“正轴测图”和“斜轴测图”，还可按三坐标轴的变形系数全部相等、两个相等和都不相等分为等轴测图、二等轴测图和三等轴测图。通常根据空间形体的形状和结构特点，选用合适的轴测图。

轴测图的作图主要运用平行投影法的两个性质：平行二直线的投影仍平行；两并行线段长度之比等于其投影之比。作图时，先画出三坐标轴的投影，并确定其变形系数的数值。然后沿坐标轴投影的方向测量各线段的长度及其位置，逐步绘出形体的轴测图。

室内透视图是指在室内设计过程中除工程图、施工详图之外，在设计方案的完成的最后过程中用以表达设计师的设计构思及意图；或向委托方展示设计结果的表现性绘画。这种效果图是对未来设想空间的一种预示，也是设计者创作思维结果的呈现。这一类的表现图与一般画家和设计师为收集创作素材和训练表达能力而进行的写生有所不同，因为它的创作过程是一种“有计划的预想”的表达过程，故常常有人将其称之为“室内设计预想图”或“室内效果图”。与建筑和室内设计的平面、立面和剖面图有所不同的是，它在平面上表现了一种建立在空间透视基础上的“三维”空间的效果，因此被称之为“室内透视表现图”。严格地说，它也是建筑画的一个重要门类，同样，它也是建立在科学和客观地表达空间关系的现代透视学基础之上的一种绘画方法。

20世纪90年代以后，随着个人电脑的广泛运用。计算机辅助设计系统能运用诸如Auto CAD、3DS MAX等设计软件，模拟出极为真实的建筑和室内空间，从而在观念上改变了以往建筑表现画的概念。但从另一个角度来看，运用娴熟的绘画技艺绘制室内透视图，在许多方面不仅具有电脑绘画所难以替代的艺术效果，而且能够更好地表达出设计师在设计中蕴涵的激情和意境。因此，在一定的前提

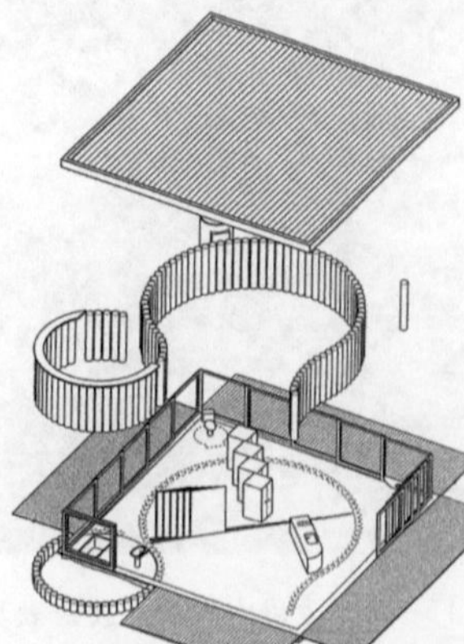

图13–9：运用轴测图进行表现的建筑结构分解图，可让观众十分直观地了解设计者对建筑界面与空间结构的初步设想方案。

图13–10、11：运用不同表现工具进行表现的二则手绘效果图，具有不同的艺术表现特色。它们既能真切地反映出设计者对空间各部位的设想，又能表现出设计者对整个空间色彩及光影关系的把握，这需要设计者通过长期的设计实践，才能具备较高的技能。

图13-12：运用水彩渲染技法表现的一则运动空间，笔法处理细腻生动，光影效果表现淋漓尽致，充分展现出手绘技法的独道之处。

下，运用绘画的技艺来绘制室内透视效果图是室内设计师常用的设计手法之一。

大量新材料和新技法的运用，使建筑及室内透视图呈现出多种多样的形态。在国外，建筑及室内透视图的绘制也出现了专门化的趋势。由于商业化设计的需要，建筑师及室内设计师在承担大型的设计项目时，他们的设计常常由专门的建筑透视图画家来完成最后的表现图。这种专业的建筑表现画家除了掌握一定的建筑和室内设计知识外，还掌握了极为娴熟的透视图表现技法和运用各种新的绘画材料的能力，能以较高的效率和良好的效果将建筑师和室内设计师的设计准确地表现出来。

(6) 电脑辅助设计

如果将电脑技术在现代设计领域里的应用比喻为现代设计的一场革命，一点也不为过。确实，个人电脑的广泛应用给设计师带来了许多前所未有的变化。借助电脑，设计师改变了以前在制图板前绘图的方式：电脑绘图软件如“Auto CAD”等具有强大的功能，不断更新的版本包含的功能，几乎能解决在设计中可能遇到的任何问题。有了电脑，设计师表达设计意图和构思的方式更加多样、更加精彩：设计师可以精心制作透视表现图表现设计中的室内空间；无论是物体的质感还是照明的光影效果，都可与现场拍摄的照片相媲美；甚至可借助三维软件来制作空间漫游的动画，更令人“身临其境”。借助电脑及相关的软件来辅助进行室内设计的技术已经得到广泛的应用，其应用的范围主要包括两个方面：一是工程图纸的绘制；二是室内透视表现图的制作。

图13-13、14：通过专业渲染软件进行后期处理的公共建筑大厅，在光影和材质的表现上达到了十分逼真的效果。图中往来的人物与植物是通过Photoshop的后期处理进行添加的，它们的配置需从场景用途与画面疏密关系上予以充分权衡。

(7) 电脑工程制图

用电脑来绘制工程图纸的技术已经得到广泛的推广。借助Auto CAD等软件，可以精确、方便地绘制出室内设计过程中所有的工程图纸。由于电脑制图具有精确、高效、易修改等特点，与手工绘制工程图相比具有不可比拟的优点。经过多次升级的软件版本已经达到非常成熟的程度，其运用领域已经远远超出工程制图的范围。随着互联网的普及，利用网络进行远程设计、文件传递可大大方便设计师的工作。

(8) 电脑效果图制作

用电脑来辅助室内设计另一项重要的工作是利用三维软件来制作逼真的室内透视效果图。目前常用的三维软件有3DS MAX、3DS VIZ及在Auto CAD平台上开发的透视图专用软件等。这一类的软件虽然有不同的特点和长处，但绘制效果图的基本程序还是相同的。一般用三维软件制作一张室内的透视效果图，都要经过一下一些过程：

① 三维建模，即按照工程图的设计，将室内设计中的一些基本形体（如室内的空间、装修的细节、家具、灯具等）在电脑中建筑一个相应数字模型，这个模型具有与设计师所设计的空间对象相应的尺度、形式、比例等，并根据设计的要求将模型赋予表面材质（即在模型的表面编辑相应的色彩和材料），然后按照需要设置相应的灯光。

② 图像渲染，在经过编辑表面材质并设置了灯光的模型后，可以通过设置的相应的相机位置，观察到室内场景的基本情况，但要获得具有逼真效果的透视图，还要通过软件的“渲染”，生成能表示相应材料、光影、质感和透视效果的室内效果图的图像文件。

③ 平面润色，在三维软件生成的图像文件的基础上，还必须用平面图像处理软件进行相应的处理和润色。利用Photoshop等平面图像处理软件，可以添加一些三维软件不易完成的细节；对一些部分进行润色、修改；并可在画面上做出一些特殊的艺术效果，使三维软件生成的室内透视图呈现出栩栩如生的画面效果。

(9) 材料规格列表

根据设计的需要或委托方的要求，在设计方案中通常还需要附上设计中选用的主要材料的实样或样本。这些材料往往是以材料规格列表的形式，包括在设计方案中。材料规格列表中一般要求标明设计中采用的材料的名称（包括正式名称及商品名称）、规格、生产厂商或产地、数量、采用部位、市场参考价格等。在设计方案形成的过程中常常要与委托方共同确定一些主要的材料，尤其是主要的表面装饰材料，如墙面、地面的石材、地毯、墙纸、纺织面料、木材等，这些材料通常都可用实物作为样本，如因体积过大、不便携带时，也可用照片等表示，其他如家具、灯具等设备可用照片或样本等作示意。

(10) 绘制施工图

室内设计的施工详图是指室内设计从方案到最后实施阶段的技术性图纸。它要求以符合国家规范的方法绘出的室内设计的各个部位构造的图纸。也是设计者用技术的方法向施工者表达设计意图、规定制作方法的技术文件。

国家分别规定了建筑工程的制图规范和供图纸引用的图形标准和图示标准。图形标准包括图纸的大小、线条等

施工图的绘制需要设计者对各种装饰材料的规格与组合结构有很好的了解，才能作出正确的图示，这正是其技术性特征的重要反映。

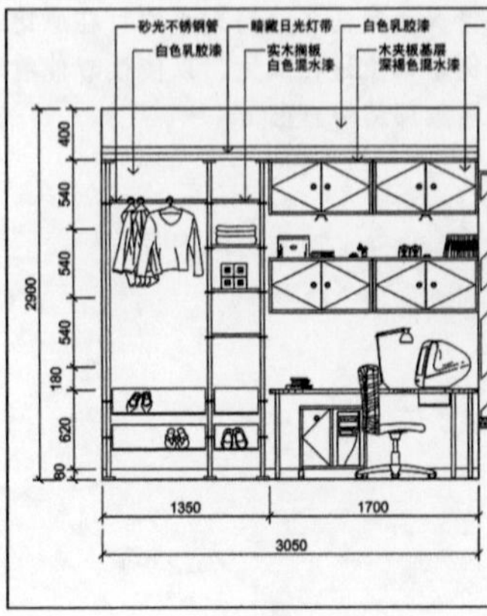

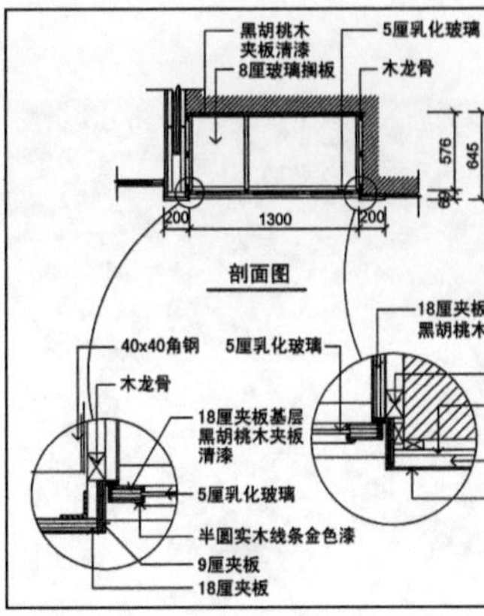

图13—15、16：用Auto CAD绘制的各类图纸，在计算机中往往通过图层的概念将各种构件进行分类，而色彩的定义主要是为了出图时加以区别出线条的粗细，出图时又通常设定为黑白模式。

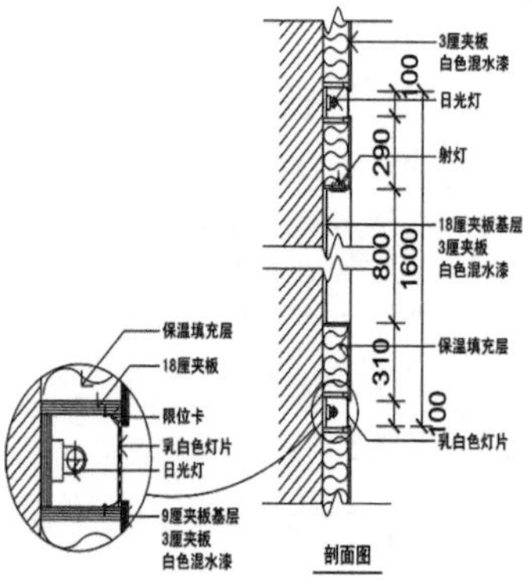

图13–17：对剖面图中一些仍不能说明结构关系的部位，需利用引出线及局部详图进行更进一步的描绘，其比例需根据所绘内容的具体情况而定，尺寸特别小的可在原比例基础上进行放大，以使读者能看清细部结构为止。

级、引出线的画法、索引的标志、详图的标志等。图示标准包括各种材料、界面的转折起伏变化的表示方式。一般室内设计的制图也沿用建筑工程的规范和标准，在一些图纸中，有时设计者可能采用一些约定俗成而建筑工程制图规范中未规定的图形和符号等，需在图纸上注明。

施工详图与设计方案相比，特别注重图纸表达尺寸的精确和细节的详尽。尤其是一些特殊的节点和做法。一般要求以剖面详图的方式将重要的部位表示出来。因此要画出正确的剖面详图，必要的构造与施工知识是不可欠缺的。初学者在绘制施工图时遇到的最大困难，是各种构件在空间中的连接方式。施工图的绘制要求设计者具有清晰的空间概念。研究和观摩已有的施工详图实例，是熟悉室内施工图画法的有效方法。除了表示构造方法的剖面详图外，在一些需要特别表示设计者意图或向施工方提出特别要求或规定特殊造型的局部，设计者常用较大的比例尺寸（如1：1或更大的比例）局部详图方式来表示详尽的造型或做法的细节。

一般的施工图绘制已经全面采用电脑化，通常采用的是Auto CAD软件，或在此软件下开发的专用制图软件。因此，熟悉必要的电脑软件也是对设计师的基本要求。

对室内空间的功能、环境问题以及空间形式美问题的探索是室内设计师的共同课题。这种探索是没有止境的。然而，进行一项室内环境设计，从构思到出图过程并不一定要遵循某种固定的工作模式，与室内空间的艺术个性一样，不同的设计师会有不同的工作习惯和方法，这种工作方法上的个性是无法用上述一般设计过程的程序来代替的。它的设计质量基于设计师对问题的分析能力和认识深度，它的工作程序取决于设计师的实践习惯和个人的工作作风。在具体设计中先考虑什么、后考虑什么并不重要，关键在于用心动情地去思考，处理好每一个设计环节。凡事都要有点自己的看法，敢于实践，不断探索空间艺术设计创作的个性，只有这样，才能真正成为一名合格的室内设计师。

图13–18：一幅成功的效果图融会了设计者对于建筑环境、室内空间布局、界面形态、材料色彩、施工工艺以及成本核算等诸方面的综合协调能力。

4. 成本估算与预算

设计师作为装饰装修工程的主导者，其工作对工程的造价成本具有很大的影响力。因此，设计师通常作为项目成本管理者参与工程项目的成本估算与预算工作。

室内装修工程项目成本管理的内容包括：监督全过程的成本核算；确定项目目标成本；掌握成本信息，执行成本控制；组织协调成本核算；进行成本分析等。

具体来讲，室内装修工程项目进行过程中各阶段成本控制分为不同的阶段：

(1) 方案设计阶段

对于规模和投资较大的装饰装修工程，工程方案设计阶段成本控制的主要内容是制订各装饰装修方案的技术经济指标及估算，用来进行优选方案的比较和参考。在此阶段，应该客观、全面、综合地对各方案进行技术经济评价和成本估算。并以功能、经济效益、装饰装修质量、环境、消防等因素为优选原则。

(2) 施工图设计阶段

在工程项目的施工图设计阶段，应该以确定的装饰装修方案为依据，全面、准确地绘制出相应的施工图，并制订出装饰装修工程概算书和综合概算书。

(3) 施工招投标阶段

室内装修工程项目招投标阶段成本控制的主要内容是根据装修施工图编制装饰装修工程施工图预算，使施工图预算控制在初步设计概算之内，并以此拟定招标文件，编制工程标底，评审投标书，提出决标意见。

(4) 施工阶段

施工阶段是装饰装修工程成本控制的重点阶段。这一阶段成本控制的任务是按设计要求进行项目的实施，使实际支出控制在施工图预算之内，做好进度款的发放和工程的竣工结算和决算。

设计师的工作对于项目成本的控制具有直接的意义，其工作过程与项目管理人员的协调尤其具有重要性。

图13—19、20：色彩往往能起到先声夺人的效果，在室内设计中，遇到经济条件较为局促的情况，往往可采用色彩来达到对空间特色的凸显。

图13—21：通过对材料结构的认识进行各界面装饰的设计实例，充分说明任何一个设计作品的诞生，都必须以设计师对室内设计各环节的运筹帷幄为前提。

图13—22：运用喷绘技法进行表现的餐厅空间，极为真实地传递了室内色彩、空间布局以及光影的相互关系。它看似一幅作品，实则需要对室内设计各方面知识的了解。

本章重点与习题：

1．试述室内设计方案的表达通常需通过哪几种图纸类型。它们有哪些具体表现的内容？图线又如何区分？
2．试比较一下轴测图与透视图的差别，它们较工程图有什么优缺点。
3．室内装修工程主要可分为哪几个阶段？

第十四章 “绿色设计”与室内环境质量

绿色设计(Green Design)是20世纪80年代末出现的一股国际设计潮流。绿色设计反映了人们对于现代科技文化所引起的环境及生态破坏的反思，同时也体现了设计师职业道德和社会责任心的回归。绿色设计也称为“生态设计”（Ecological Design）或“绿色环境设计”（Green Design for Environment）等。其基本思想是在设计阶段就将环境因素、污染预防、节约能源等措施纳入设计全过程，将环境性能作为设计目标和出发点，力求使设计结果对环境的影响最小。绿色设计的核心是“3R”，即“减少使用”（Reduce）、“重复使用”（Reuse）和“循环再生使用”（Regain）。即不仅要减少物质和能源的消耗，减少有害物质的排放，而且要求相关产品及材料能够方便地分类回收并再生循环或重新利用。

尽管“绿色设计”的核心并不注重美学表现，也并非完全的设计语言,但“绿色设计”强调尽量减少无谓的材料消耗,重视再生材料使用的原则在产品的外观上也有所体现。在绿色设计中，“小就是美”、“少就是多”具有了新的含义。从20世纪80年代开始,一种追求极端简单的设计流派兴起,将产品、环境等设计简化到极致,即所谓的“极简主义”(Minimalism)的设计思潮，这也是绿色设计的内容之一。

图14-1：进入21世纪，对人体身心健康与资源能耗技术的关注已越来越成为室内设计的重点。它反映了人类对现代科技文化所引起的环境及生态破坏的反思。

图14-2、3：通过扩大门窗面积与设置天窗等手段，大大提高了自然光线对室内空间的影响，这不仅增进了人与外部环境的交流，还是节省电能的一种有效手段。

图14-4：运用原生态材料一方面可大大降低室内装修的成本，节约能耗，另一方面也是设计师追求另类风格的重要手段之一。

1．"绿色设计"回归室内

室内设计是维系精神文明与物质文明的桥梁，人类寄希望于通过设计来改善人类自身的生存环境。20世纪以来，工业高速发展带来经济发达和社会繁荣的同时，导致了世界范围自然环境和生态平衡的破坏。从世界范围看，20世纪70年代至80年代人类"环境意识"觉醒，"环境设计"概念崛起，由此人类提出与地球可持续发展的战略。住在城市水泥方盒子中的人们向往自然，提倡绿色食品，喝天然饮料，用自然材料，渴望居住在大自然绿色环境中……这种回归自然的"绿色"趋势，反映在室内设计活动中可称为室内"绿色设计"。设计师通过设计，把自然的因素引进室内，这种设计手法称为"室内设计室外化"。 通过建筑设计或改造建筑设计使室内、外通透，或打开部分墙面，使室内、外一体化，创造出开敞的流动空间，让居住者更多地获得阳光、新鲜空气和景色。在城市住宅中，甚至餐饮商业服务的内部空间中也追求田园风味，通过设计营造农家田园的朴实无华、实用舒适的气氛。运用室内造园手法，营造较大型自然景观的庭院设计。在室内设计中强调自然材质肌理的应用，让使用者感知自然材质，回归原始和自然，强调材料的肌理，原封不动地表露水泥表面、木材、金属等材质，着意显示素材肌理和本来面目。

室内环境绿色设计往往是在成本、污染、能量消耗和众多建筑材料中的耐用性之间寻求折中方案，实质上是在寻求经济上与使用上的平衡点，因此，建筑室内环境的绿色设计既不是因成本高而排斥那些能效高的材料和设施，也不是由于这些材料和设施能效高而不顾成本地加以使用，而是在于和谐地应用诸多现有的技术和工艺。在绿色设计的范畴内，节能始终是重要的方面；如何利用自然能源、如何减少能源的消耗以及应用新开发的自然能源和技术等，都是室内设计师面前的重大课题。

2．降低能源消耗

建筑的耗能在国家的能源消耗中占有重要比例。随着中国住宅环境的大规模改善和各类公共建筑的不断兴建，降低建筑的能源消耗成为国家可持续发展的最大课题之一。国家建设部颁布的《关于发展节能省地型住宅和公共建筑的指导意见》对建筑节能提出了指导性的意见。节能型住宅与公共建筑，是带有中国特色的可持续发展型建筑，节能型住宅强调的是节能、节水、节材和环保，体现了可持续发展的内涵。

图14-5：波浪状的屋顶设计面向同一个方向，既增加了屋顶的采光面积，又能引入该地区的主流风向，起到节省能源的作用。

建筑节能既包括加强墙体等结构的保温隔热能力，也包括在供暖和供冷的来源、输送渠道及实现方式。在住宅及其他建筑的能源消耗中，取暖及空调是一个主要方面。今后若干年内，北方城市集中供暖仍是提供取暖能源主要的形式，其优势在于技术成熟、价格比较低，能够满足大多数人的需要；而且对于中国住宅密度较高的现状，可以相应地节约能源，比较经济，适用于普通住宅小区使用。

与采暖技术本身相比，建筑节能更为重要，采暖先要保暖，才能更加节约能源。在建筑与室内的设计中引入先进的技术和理念，也使节能达到新的标准。

在世界范围内，建筑节能在许多国家都得到了重视。美国能源部提出的“建筑技术计划”，对房屋建筑的每个方面都考虑得比较完善。得到能源部支持的“美国绿色建筑协会”也积极推行以节能为主旨的《绿色建筑评估体系》，这是目前世界各国建筑环保评估标准中最完善、最有影响力的体系之一。以建造一幢住宅为例，节能涉及了墙体的隔热层，门窗玻璃、屋顶与地下室的隔热性，通风空调管道的气密性和隔热性，以及热水器和热水管道的保温效率等。该“建筑技术计划”从每个细节出发，详细解释了该如何做才能节能，并推荐符合“能源之星”节能标准的建筑材料，在细节上做得非常完善。

图14-6、7：通过局部设立弧线形吊顶，不仅在视觉上具有导向作用，还能达到将室外风引入室内的目的。

在德国，消费者在购买或租赁房屋时，建筑开发商必须出示一份“能耗证明”，告诉消费者这个住宅每年的能耗，主要包括供暖、通风和热水供应，这得益于德国的《能源节约法》。按照该法规，新建筑的允许能耗要比

地热管的铺设方式有湿铺法与干铺法之分，通常干铺法每平方价格要较湿铺法高许多，而且其上只能铺设复合地板。

2002年前的能耗水平下降30%左右。《能源节约法》制定了德国建筑保温节能技术新规范，其特点是从控制建筑外墙、外窗和屋顶的最低保温隔热指标，改为控制建筑物的实际能耗。德国还有大批老建筑没有采用新型保温技术措施。为此，新法规鼓励企业和个人对老建筑进行节能改造，并实行强制报废措施。在政府的推动下，天然气和太阳能等清洁能源、可再生能源近年来在住宅供暖市场上得到越来越普遍的应用。

在供暖技术方面，近年来出现的一些新技术也在很大程度上达到了节能的目的。其中地板辐射式采暖是通过埋设于地板下的加热管——铝塑复合管或导电管，把地板加热到表面温度18℃～32℃，均匀地向室内辐射热量来达到取暖效果。同时它可以分户式燃气采暖炉、市政热力管网、小区锅炉房等各种不同方式提供热源。地板辐射式采暖的优点很多：一是地面温度均匀，热气自下而上逐渐递减，舒适度高；二是空气对流减弱，可以降低室内灰尘；三是与其他采暖方式相比可节约能源10%～20%，同时还能节约2%～3%的室内使用面积；四是拥有良好的隔音效果。此外还有电热膜采暖的方式，它是以电作为能源，将特定的导电油墨印刷在两层聚酯薄膜之间制成纯电阻式发热体，配以独立的温控装置，以低温辐射电热膜为发热体。大多数是天花板式，也有少部分铺设在墙壁中，甚至地板下。具有恒温可调、经济舒适、绿色环保、寿命长、免维护等特点。电热膜采暖能达到户内无暖气片，房间使用面积可增加2%～3%，便于装修和摆放家具，一般不需要维护，清洁无污染，可用温控器调节室温。

节省照明装置所消耗的能量也是节能的一个重要方面。其方法主要有两方面。一方面是使用具有较高能源效益的照明装置；另一方面减少了照明装置的使用时间。荧光灯是现今办公室内最普遍采用的照明装置。最常见的荧光灯呈管状，这种荧光灯已发展了三代，第一代的管状荧光灯

图14-8、9：两则均采用湿铺法进行地热管铺设的不同安装方式模型。它们一则通过金属龙骨进行固定，另一则则运用卡钉。其与地板间通常需铺设8cm高的水泥垫层，地板用材也不能采用实木地板。

图14-10：各类环保材料的问世，为室内设计师运用它们实现人类社会的可持续发展提供了广阔平台。与其他建筑类型不同，旧厂房的改建尤其需注重对这些材料的运用，因为它们的原有材料往往不具备节能的功能。

图14-11：室内设计中对能耗的控制往往在许多方面不是由人可以凭借肉眼所直接察觉到的，图中利用管道进行的灯具布置，需要设计师在设计过程中与设备技术人员有很好的协作才能完成。

是T12，直径为38mm；第二代的管状荧光灯是T8，直径为26mm；而第三代的管状荧光灯是T5，直径较T12和 T8小，只有16mm。对于同样光度的荧光灯来说，T5荧光灯的发光效率较T8高，而T8又较T12高。所有荧光灯都必须装有镇流器，以限制及稳定通过荧光灯的电流。镇流器主要有两种，分别是电磁式镇流器及电子镇流器。一般来说，电子镇流器的价格较高，但它的效率较高，可节省达20%~30%的电能，因此长期使用可大幅度减少电耗。除此之外，电子镇流器所产生的热量较少，可减少空调装置的负荷，节省电能。除了使用效率较高的电灯及镇流器外，也可利用自动控制系统来节省能源。例如，通过安装红外线或超声波运动感应器，探测办公室内是否有人活动，并在有需要时才自动开启电灯，而当办公室没有人活动时，自动关上电灯，节省电能。

3. 可持续发展的节能技术

节约常规能源是室内设计中不容忽视的重要方向。现代建筑科技的进步也为设计提供了更多的可能性。如吸热玻璃、热反射玻璃、调光玻璃、保温墙体等新材料的研制具有许多优越的性能，如能组合产品形式与室内设计结合，可以达到保温和采光的双重效果而大大节省能源。此外，节能型灯具、节水型部件在室内装修中的充分运用，都能起到节约常规能源的效果。

使用洁净能源既满足使用能源的可持续性，又不会对环境产生危害，最符合生态型的室内环境要求。目前最有广泛使用前景的是太阳能利用技术。它主要是通过特定的构造和材料来利用太阳能，应用范围相当广泛。经过精心设计、处理后的太阳能设施，可以自然融入建筑物中。目前

图14-12：公共空间设计具有一定的更新周期，利用天然材料进行设计，能有效避免装饰材料的浪费及污染。

图14—13、14：暴露式结构的室内空间设计，淋漓尽致地展现了粗犷的工业化气息，其纵横交错的形式有利于减少设备工程人员的维修强度。但如何与其他室内空间一样，在使用过程中降低其对能源的消耗，是一个值得深入探讨的共同课题。

较广泛使用的阳光温室技术、太阳能热水技术，都会使室内空间呈现出一定的特点，对室内设计也都提出了一些新的要求。

以计算机技术、自动控制技术、电子技术、材料技术等为代表的现代高科技在室内设计中的应用，将对采光、通风、温度、湿度等室内环境产生巨大的影响，有可能使室内环境设计出现一次新飞跃。如被誉为“高技派”的国际建筑大师诺曼·福斯特，他在设计中充分发挥了高科技提供的潜力，在实现节能、低耗、低造价的同时，创造了舒适的室内环境条件。其中最有代表性的是他设计的德国国会大厦：通过设在西门廊的檐部的系统进风口，新鲜空气进来后经大厅地板下的风道及设在座位下的风口，低速而均匀地散发在大厅内，然后再从穹顶内倒锥体的中空部分排出室外，此时锥体成了拔风罩，这是极为合理的气候组织。大厦的侧窗均为双层窗，外层为户外性的层压玻璃，内层为隔热玻璃，两层之间为遮阳罩装置。侧窗的通风既可以自动调节也可以人工调节，从而使大厦的大部分房间都可以得到自然通风和换气。这座建筑还尝试利用附近深浅两个蓄水层（地下湖）把夏天的热能储存在深层给冬天用，同时把冬天的冷能储存在浅层给夏天用，两个地下湖就像一座大型的冷热交换器，形成了积极的可循环的生态平衡。这幢建筑用高技术、新材料实现了室内生态设计的许多基本内容，也向人们展现了未来建筑的许多重要观念。

4. 杜绝室内的污染

室内装修引发的室内环境污染问题越来越引起重视。国家有关部门先后制定了有关室内环境的一系列标准，从建筑装饰材料、民用建筑工程和室内空气质量等方面对室内环境质量进行控制。专家研究认为，在经历了煤烟污染

图14—15：对室内环境健康指标的关注促使人们对各种装饰材料的运用与如何杜绝室内污染方法的探讨给予了更多的关注。现在的家庭整体式厨柜就较多地运用了人造石材为操作台面板，以减少天然石材对人体的危害。

和光化学烟雾污染对人们健康的危害之后，正在经历着以“室内空气污染”为主要内容的第三次污染时期。专家研究表明，室内空气的污染程度要比室外空气严重2～5倍，在特殊情况下可达到100倍。室内空气中可检出五百多种挥发性有机物，某些有害气体浓度可高出户外十倍乃至几十倍，其中二十多种是致癌物。所以美国已将室内空气污染归为危害公共健康的五大环境因素之一。加拿大一卫生组织的调查显示，当前人们68%的疾病都与室内空气污染有关。

人类对室内空气污染危害的认识源于20世纪70年代，当时在一些发达国家的某些办公室的工作人员中，出现了一些非特异症状，这些症状在离开该建筑物之后能得到改善。由于这些症状大都与建筑物或写字楼的室内环境污染有关，世界卫生组织将此种现象称为不良建筑物综合征或建筑物综合征，在世界卫生组织2003年公布的《2002年世界卫生报告》中将室内环境污染与高血压、胆固醇过高症及肥胖症等共同列为人类健康的十大威胁，列入人类健康的十大杀手黑名单。

专家把室内环境污染按照污染物的性质分为三大类：第一大类是化学的，主要来自装修、家具、玩具、煤气热水器、杀虫喷雾剂、化妆品、抽烟、厨房的油烟等；第二大类是物理的，主要来自室外及室内的电器设备产生的噪声、光和建筑装饰材料产生的放射性污染等；第三大类是生物的，主要来自寄生于室内装饰装修材料、生活用品和空调中的螨虫及其他细菌等。这些有害物质相互影响会加重室内污染对人们健康的危害，比如室内空气中的化学性污染会对人们的皮肤黏膜和眼结膜产生刺激和炎症，甚至会麻痹呼吸道纤毛和损害黏膜上皮组织，在这种情况下人体对疾病的抵抗力就会大大减弱，使病原微生物易于侵入并对人们健康造成危害。

随着国家对建筑材料实施强制性的标准，各建材厂商都加紧了改善材料环保性能的步伐，商家也不断推出“绿色环保材料”。应该说，目前部分装饰材料基本能达到的国家实施的强制标准，有些还能达到环保标准。但是，应该清楚地认识到，环保材料不等于环保装修，也不是环保设计。这是因为：国家强制标准只是对装饰材料中的有害物质给予一个限量，并不是完全杜绝，也就是说，环保的材料也有对人体有害的物质，只是量的多少而已。在有限空间中大量使用的各种装饰材料，每一种材料挥发一些有害物质，累积在室内空间，空气中的有害物质含量则必然超标。

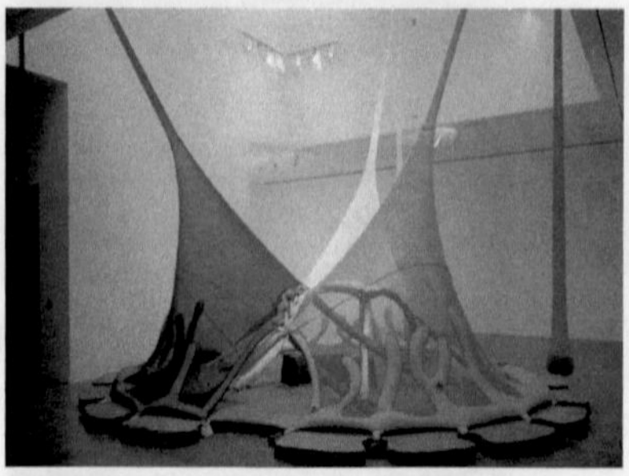

图14－16、17：室内环境的污染源是多元的，室内织物的存在即为螨虫的滋生提供了温床，要有效防护它需要经常清洗与晾晒室内织物。

图14－18：任何装饰材料都具有造成室内污染的可能，解决它们的有效方法，即为尽量采用环保材料、多采用自然光与保持自然通风条件等。

绿色设计不仅是一种设计上的限制，也是一种全新思维的启发，它促使人们以更合理、更崭新的视角去探求室内设计的新方向。

室内空气污染包括化学、物理和生物污染，来源于室内和室外两部分。室内来源主要包括日用消费品和化学品的作用、建筑材料和个人活动。如①各种燃料燃烧、烹调油烟及吸烟产生的CO、NO_2、SO_2、悬浮颗粒物、甲醛、多环芳烃等。②室内淋浴、加湿空气产生的卤代烃等化学污染物。③建筑、装饰材料、家具和家用化学品释放的甲醛和挥发性有机化合物（VOCS）等以及放射性氡及其子体。④家用电器和某些办公设备导致的电磁辐射等物理污染和臭氧等。⑤通过人体呼出气、汗液、大小便等排出的CO 、氨类化合物、硫化氢等内源性化学污染物，打喷嚏等喷出的流感病毒、结核杆菌、链球菌等生物污染物。⑥室内用具产生的生物性污染，如在床褥、地毯中滋生的尘螨等。室外来源主要有：①室外空气中的各种污染物包括工业废气和汽车尾气通过门窗、孔隙等进入室内。②人为带入室内的污染物，如干洗后带回家的衣服，可释放出四氯乙烯等挥发性有机化合物；将工作服带回家中，可使工作环境中的苯进入室内等。

图14–19、20：富有艺术感的两则空间设计实例，是设计者在充分运用了节能灯具与天然竹材后设计的，它充分体现出艺术性与环保性能彼此共生出许多契合点。

在所有室内空气污染源中，甲醛对室内空气污染的程度最重，这与室内装修有直接的关系。甲醛的释放是一个持续缓慢的过程，而且释放量随着季节和气温的变化而变化。甲醛对人体黏膜和皮肤有强烈的刺激作用；急性中毒可导致流眼泪、流鼻涕、咳嗽等症状，并发生呼吸道疾病；慢性吸入可导致持续头疼、无力、失眠等；长期皮肤接触会导致皮炎等过敏疾病，国际癌症研究所已将其列为可疑致癌物质。装修用到的材料中，人造木质板材的甲醛含量最高。国家卫生部发布的《木质板材中甲醛的卫生规范》，对木质板材划分了三个卫生等级。设计师选择板材时，首先应向商家索取板材中甲醛释放量的测试报告，判断所选择的板材是否符合制作家具和室内装修使用，切勿把污染物带到室内环境中。

室内环境中放射性的污染也越来越引起人们的警觉，这方面的污染主要是放射性元素氡的污染。人们对氡的最初认识来自于媒体对石材放射性的报道。氡由放射性元素镭衰变而生成。室内氡污染的主要来源为房基土壤或岩石中析出的氡，氡气通过泥土地面、墙体裂缝、建筑材料缝隙渗透进入房间；建筑装饰材料如水泥、石材、沥青等，这些材料本身含有微量放射性元素而源源不断地释放出氡气；户外空气中进入室内的氡；供水及天然气中释放的氡。人体吸入氡后，衰变产生的氡子体呈微粒状，会吸入呼吸系统堆积在肺部，沉淀到一定程度后，这些微粒会损坏肺泡，进而导致肺癌。一般从受到氡的照射到肺癌发病之间可能要经过几年时间。对放射性的污染应当引起我们足够的重视，但是对氡的认识应当建立在科学的基础上。

居室户型的设计对通风的考虑较少，装修设计时，增加过多的隔断，不利于房间内的空气流动和对外通风。而装修的吊顶，无疑会占用空间，降低层高，减少室内空气容量。而简洁风格的室内设计及合理地选用建筑装修材料，不仅是改善视觉上的效果，更有利于形成合理、舒适、卫生的室内环境，保持空气在整个室内的流通，减小污染发生的可能性。

图14-21：地面在不同的材质拼装下不仅可以产生出丰富的视觉变化，还可以通过材质肌理的对比，为盲人提供方向的指引。

5. 无障碍设计与无障碍环境

在提高室内环境质量方面，营造一个有利于残疾人生活与活动的“无障碍室内环境”也是衡量一个室内空间质量的标准之一。

在漫长的历史发展过程中，残疾人一直处于社会的底层，地位十分低下，环境的障碍使大部分残疾人困守家中，无法融入社会。20世纪初，由于人道主义的呼唤，建筑学界产生了一种新的建筑设计方法——无障碍设计。20世纪30年代初，当时在瑞典、丹麦等国家就建有专供残疾人使用的设施。联合国成立后，曾先后发布《残疾人权利宣言》、《关于残疾人的世界行动纲领》等国际文件，强调残疾人无障碍设施问题。1961年，美国制定了世界上第一个《无障碍标准》，1968年和1973年美国国会分别通过了《建筑无障碍条例》和《残疾人康复法》。此后，英国、加拿大、日本等几十个国家和地区相继制定了有关法规。现在，全球已有一百多个国家和地区颁布了相关无障碍环境建设和残疾人权益保障法律法规。1974年，联合国召开国际无障碍专家会议，对无障碍设计作了研究和总结，“无障碍设计”（Barrierfreede Design）这个概念名称正式列入联合国的文件中，并提出今后任务。目前，发达国家无障碍设施建设已非常普及，标准也较高。

我国无障碍设施建设起步较晚，1985年3月，中国残疾人福利基金会、北京市残疾人协会、北京市建筑设计院联合发出了“为残疾人创造便利的生活环境”的倡议。其后国家陆续颁布了一系列无障碍设计的标准和规定，《方便残疾人使用的城市道路和建筑物设计规范（试行）》，于1989年4月1日颁布实施；包含无障碍设计内容的《老年建筑设计规范》于1999年颁布实行；《城市道路和建筑物无障碍设计规范》2001年8月1日起正式实施；2003年7月，《建筑无障碍设计》经建设部批准正式成为国家建筑标准设计；建设部等部门也多次颁发有关加强无障碍建设的通

在室内设计中，对残疾人关怀的一个重要方面即是对日常关系最为密切的室内功能空间的关注，它需要设计师在设计室内空间的过程中，不仅要以自身的体验为基础，还要多作换位思考。

知；《中华人民共和国残疾人保障法》第四十六条规定："国家和社会逐步实行方便残疾人的城市道路和建筑物设计规范，采取无障碍措施。"2004年4月，北京市人大通过《北京市无障碍设施建设和管理条例》，成为我国第一部地方性无障碍设施建设法规。

无障碍设计首先在都市建筑、交通、公共环境设施设备以及指示系统中得以体现，如步行道上为盲人铺设的走道、触觉指示地图，为乘坐轮椅者专设的卫生间、公用电话、兼有视听双重操作向导的银行自助存取款机等，进而扩展到工作、生活、娱乐中使用的各种器具。几十年来，这一设计主张从关爱人类弱势群体的视点出发，以更高层次的理想目标推动着设计的发展与进步，使人类创造的产品更趋于合理、亲切、人性化。

无障碍设计的理想目标是"无障碍"。基于对人类行为、意识与动作反应的细致研究，致力于优化一切为人所用的物与环境的设计，在使用操作界面上清除那些让使用者感到困惑、困难的"障碍"（barrier），为使用者提供最大可能的方便，这就是无障碍设计的基本思想。

无障碍设计关注、重视残疾人和老年人的特殊需求，但它并非只是专为残疾人、老年人群体的设计。它着力于开发人类"共用"的产品——能够应答、满足所有使用者需求的无障碍环境。

图14-22、23：残疾人是社会的弱势群体，在现代文明高度发展的当今社会，在室内设计中，加强对这一群体的关注，通过融入各种无障碍设计，是构建和谐社会的一个重要方面。

与室内设计相关的国际通用无障碍设计标准大致有六个方面：

(1) 在公共建筑的入口处设置取代台阶的坡道，其坡度应不大于1／12；

(2) 在盲人经常出入处设置盲道，在十字路口设置便于盲人辨别方向的音响设施；

(3) 门的净空廊宽度要在0.8m以上，采用旋转门的需另设残疾人入口；

(4) 所有建筑物走廊的净空宽度应在1.3m以上；

(5) 公厕应设有带扶手的坐式便器，门隔断应做成外开式或推拉式，以保证内部空间便于轮椅进入；

(6) 电梯的入口净宽均应在0.8m以上。

无障碍环境，是残疾人走出家门、参与社会生活的基本条件，也是方便老年人、妇女儿童和其他社会成员的重要措施。同时它也直接影响着城市形象与国家形象。加强无障碍环境建设，是物质文明和精神文明的集中体现，是社会进步的重要标志，对提高人的素质、培养全民公共道德意识、推动精神文明建设等也具有重要的社会意义。

6. 资源的循环利用

从室内装修角度而言，室内设计中资源的循环利用主要是指对室内各界面装修材料及陈设等通过可更新、可重复使用的手段，在不消耗更多资源的基础上，而使室内环境产生各种变化的方法。其手段在不同的室内类型中，主要可通过以下几种方法来提高资源的重复利用度。

一是通过模数化标准件的使用，以提高家具、陈列架等在功能与造型上的可变性。它较适用于营业场所中各种可随物品高度变化而随意调节高度的展架和展柜，现在家庭中较为常用的32mm系统家具也属此类，其形态的可变性主要是基于各种五金连接件的使用，如活动式搁板销、折装式连接件、插接件等都是其形态可变及搬运便利的前提。

二是在不消耗更多材料的基础上，通过对家具、室内界面等外表或造型的改造，以使旧物产生出新的外观或新的使用功能。常见的有在旧家具表面进行涂饰或外包织物等。

三是多采用具有功能可变性的家具，以使其在不同的使用需求下具有互换性。现较适用于居家与公共场所运用的手段，即为通过单体家具数量的增多以满足在陈设物不断增多的情况下，无需更换陈列架，而承托功能相应增强的结构类型。

客观地说，资源的可循环利用性不仅向我们提出了诸多需探讨的社会性和技术性问题，能否与美学功能有机统一，在某种意义上对我们广大从事室内设计行业的人员来说，更具挑战性。

图14-24：利用弹性张拉膜设计的展位吊顶，既无需花费过多的设计成本，又可方便拆除，是节省资源的好方法。

图14-25：利用铝合金面板与标准金属构件进行电信连锁店墙面设计的实例，其上的扣板可随展品尺寸的变化作灵活调节，大大提高了展架的重复利用度，同样是循环利用资源的一种有效方法。

图14-26：暴露式自动电梯不仅为办公空间增添了浓烈的工业化气息，还为残疾人的垂直交通提供了极大便利，通透的玻璃便于他们环顾四周。

本章重点与习题：

1. 室内环境污染按照污染物的性质可分为哪几类？
2. 为杜绝室内污染，一般可通过哪些方式加以改善？
3. 试举几例可提高资源的循环利用度的方法。

第十五章 建筑更新与室内设计

城市的更新与发展一直是一个广泛的话题，其中建筑的更新与再开发始终是其最重要的内容之一。建筑的更新不仅包括建筑外部的改造和更新，内部空间的重新规划、利用和改造同样是一个值得关注的课题。建筑及内部的更新改造的设计是一种带有可塑性与限制性双重属性的设计。旧建筑的改造内容繁多，目前更多的是面临大量的旧工业建筑的更新改造，通常这也是对“工业”性质用途的空间转换为“民用”性质的新型内部空间的创造。它的兴起主要基于产业结构的大规模的调整和创意产业的迅速崛起。在国际上，对旧工业建筑的改造与再利用的研究早已广受重视，而在我国，虽于20世纪80年代后期才步入同样的历史进程，但随着可持续发展观的深入，旧产业建筑改造也正在逐渐摆脱非理性的状态并迅速升温。

图15-1：1851年英国水晶宫博览会中的机械展厅，充分展现出工业革命对于推动当时人类构建新型建筑形式的巨大动力。它是旧产业建筑从这一时期开始如雨后春笋般涌现的一个重要原因。

1. 旧产业建筑内部空间的价值

作为旧产业建筑的重要组成部分，产业建筑内部空间由于特定的产业特征形成的空间分隔、组合、序列等以及承载的产业历史意义，不仅是融合时代发展需求，体现新建筑技术和先进生产力水平的载体，同时也是展现集构造逻辑和精密结构于一体的工业化机械美，节省城市维护成本和激发市民情感的重要舞台。2003年，国际产业遗产保护联合会(TICCIH)在其颁布的《下塔吉尔宪章》中，对产业遗产的价值就作出了如下认定：①产业遗产是产业活动的见证，这些活动一直对后世产生着深远的影响。②产业遗产作为人们普通生活记录的一部分，并提供了重要的可识

图15-2、3：北京798工厂中最大的一座进深长达10跨的网格形平面厂房，其屋面采用混凝土锯齿形天窗，内部空间极具雕塑感，现其中已入驻10家机构，包括较有名的“百年印象摄影画廊”和“798时态空间”。

别性感受，因而具有社会价值。③这些价值是产业遗址本身、建筑物、构件、机器和装置所固有的，它存在于产业景观中，存在于成文档案中，也存在于一些无形记录，如人的记忆与习俗中。④特殊生产过程的残存、遗址的类型或景观，由此产生的稀缺性增加了其特别的价值，应当慎重地评价。

为此，保护和再利用它们将对改善城市环境，倡导建筑的可持续发展，延续旧产业建筑的历史生命，使其成为当代社会多元文化的汇集点具有积极意义。

2. 旧产业建筑内部空间的构成元素

(1) 立面元素——门和窗

门和窗是决定立面二维空间的重要因素，它们的存在体现了与围合体系的空间比例关系。在旧产业建筑中，门窗通常具有高度高的特点，尤其是在单层结构中，其高度自4.5m起可达到30～50m，并在服务功能的基础上也讲求一定的构图比例关系，但其数量、大小、组合方式、排列和位置的设计又往往依据内部空间功能的不同而不尽相同，这不仅形成了其外部空间的特征，也同样加强了其内部空间的特征。

从整个旧产业建筑的比例来分析，窗往往是围合体系中面积比例较高的部分，它的排列组合往往是形成外部空间形象和内部空间效果的重要因素。在常见的构成方案中，主要有：

① 组合窗，成块面状，并根据需要决定面积大小；

② 条型窗，分为横向和竖向；

③ 玻璃幕墙形式。

而大门主要是供生产运输及人流通行和疏散之用的，其外形尺寸及重量往往较普通建筑的门要大得多。

图15-4、5：利用旧产业建筑立面上原有的窗户位置进行改造的三角形凸窗，不仅丰富了建筑立面的造型，还增大了采光面积。

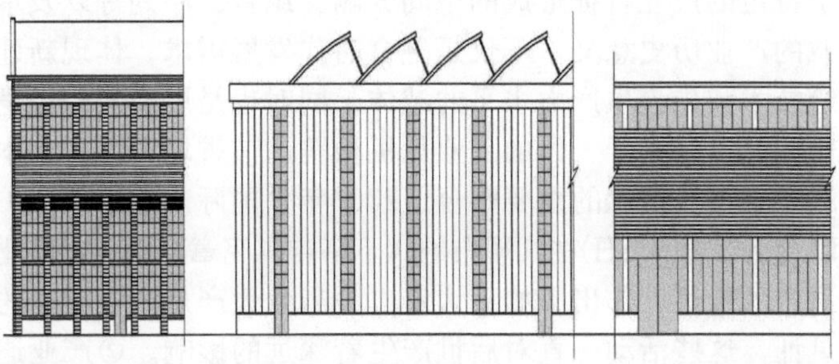

图15-6：旧产业建筑中常见的三种窗户形式。

组合窗 竖向条型窗 横向条型窗

图15-7、8：旧产业建筑中具有其独特风格的无梁楼盖，成为了其内部空间中极具装饰性特色的结构性构件，这在现代建筑中已不复存在了。

(2) 柱体元素

在多层旧产业建筑的内部空间中，柱子除了承担支撑结构的作用，同时它的款式、柱距、大小、高度也在某种意义上形成了对内部空间的分割，使空间具有一定的特征性。

尤其在无梁楼盖的结构中，柱子宽大的柱帽显示了工业建筑的气魄，其柱与柱之间的空间往往与柱子的特征紧密相连，并发展出特殊的空间形式，使内部空间具有强有力的视觉冲击力，从而成为改造中极佳的再利用对象。

(3) 屋盖元素

旧产业建筑的屋盖通过不同的结构形式构成迥然不同的内部空间，对建筑的剖面形成产生直接的影响，它主要由平面结构体系和空间结构体系组成。平面结构体系中常见的屋架形式有梯形、拱形、折线形、三角形等；空间结构的屋盖可分为折板、悬索、网架等。屋盖轮廓依据屋架相应成形，内部空间也由屋盖轮廓形成丰富的空间视觉感受，在平面结构体系中，空间还具有明显的跨间划分，具有深度、广度和厚度的特点。

图15-9、10：上海船厂及上海M50苏州河创意产业园区两则室内实景。上图以大型厂房为空间主要特征，其大跨度的内部空间结构充分反映出其与一般建筑的不同之处。下图通过秉承建筑原有结构与网格型平面布局，为内容空间的改造提供了十分宽泛的表现空间。

(4) 光线元素

旧产业建筑中的光线构成主要来自于侧窗和天窗，它是内部空间中唯一的一个可变因素。光根据窗的位置、大小、形状、形式在内部空间中投射出富有变化的明暗效果，加之产业建筑的高大空间，使光线能够在其中形成有层次、有变化的多重交结，对空间进行了一种柔性分割，从而与产业建筑刚劲有力的结构形成了明显的反差与对比，构成产业建筑所特有的空间感受。不同的结构形式和开窗方式所形成的光线构成也不同，达到的空间感受也不同。从建筑的结构类型而言，它主要可分单面高侧窗采光、双面多层侧窗采光及顶部天窗采光三种形式。

旧产业建筑的历史特殊性决定了其构成元素必定与其他建筑存在着众多差别，对它们的认识与了解对设计者在后续设计过程中采用何种具体改造措施具有积极意义。

图15-11、12：上海城市雕塑艺术中心内景，通过最大限度地保留建筑的原初印象，使空间产生出尚未完工的感觉，这与原有的空间形态形成了十分自然的衔接。

(5) 装置元素

旧产业建筑的遗留装置是现存内部空间中没有被移走的历史片段，包括机器设备、机械零部件、大型机器的基础、构筑物、一些独立的功能结构甚至是一些企业标语和口号等。它们同旧产业建筑一起诞生、一起被闲置，属于内部空间重要的说明和历史见证，并干预到了空间的使用效果和视觉效果。

3. 内部空间改造的策略与方法

对旧建筑采取什么样的改造策略与方法，不仅反映一个城市的文明程度，也是衡量一个建筑师设计能力的标准。随着可持续发展思想的深入人心，改造性再利用因其具有人文情感、社会文化以及经济环境等多方面的要求，因而无疑要比新建项目更为严谨和理性，呈现出诸多需特殊关注的内容。

(1) 改造的原则

与一般新建筑的营建过程相反，旧产业建筑内部空间的改造再利用往往要受到既有建筑的限制，即先有既存的构造物，再迁就构造物进行利用。因而对其内部空间的再利用必须首先以尊重场地原貌和历史为己任，在改造的过程中，先对改造对象的历史有比较深刻的认识，将内部空间作为一个时间、空间相结合的实体，以延续历史面貌和记忆。再依据周边环境，以及当地政治经济社会发展状况和当地居民的需求，探讨哪些功能需要扩充，哪些地方需要改变，以寻求最为合适的改造方案，达到多方面的协调。其三，即应尽量保存客观存在的事物，尽可能地将拆除部分回复到再利用的过程中，或进行生态化处理，并通过选用当地原材料，以体现生态性原则和经济性原则，争取用最少的钱获得最大的经济效益。

(2) 改造的要点

从经营与发展旧产业建筑内部空间的角度而言，旧产业建筑内部空间的改造再利用实则挑战了人们习惯中对于社会与时空的想象能力，在其改造过程中，它不应只是静态的空间规划模式，更应是关注空间生产过程中所浮现的新的文化可能性的动态过程，因而要取得良好的改造效果，首先，必须以周密完善的前期定性分析为基础，通过将在规划前期对城市环境与人口所拥有的复杂历史、构造和记忆进行分析与整合等手段纳入旧产业建筑内部空间改造的实践，以减少主观因素对重要问题的影响。其次，是对改造过程与后期成果加强可控制性以防出现不可逆转的损失，如借助制定详细的改造编制要求和改造检查、修改、论证制度，由政府、民众等多股力量共同监督改造项目的规划、设计和实施等过程。再次，即运用动态思维的方式对改造对象的历史、现状及未来进行统筹，以顺应旧产业建筑历史延续和再续的需求。

(3) 改造的技术要领

不同特点的旧产业建筑内部空间改造应选用相适应的工程技术手段，在改造深入设计的过程中应仔细构架、积极探索各个方面的创作可能性，以作出合理的设想。

① 在空间架构方面，必须对原建筑内部空间的层次组织、量体造型、空间大小、比例及空间序列等内容进行整体评估，以作为未来新旧空间交叠操作的基础。

② 在照明采光方面，应善于捕捉空间中自然的徐光残影等特殊景象，并透过设计者敏锐的空间观察力与创造力，辅以适当的人工光源，以强化出新旧空间的特殊风格或意象，进而使人对空间产生共鸣。

③ 在空间功能方面，应对原建筑内部空间灌输新的使用功能，运用空间操作对新旧功能的使用进行诠释，反映时空交叠的记忆情怀，产生原有空间与新设空间相互融合的新空间意境和效果。

④ 在结构系统方面，应尊重并惦记原结构力学的精神，剖析原有结构系统，以新的或不同的材料构成去诠释新旧组合，取得新旧系统之间的协调性与安全性，满足结构、机能、设备等方面的需求。

⑤ 在施工工艺及构造方面，应运用创作巧思来解决建筑构造上的诸多问题，探讨更多样、更丰富的材料构造与更精密、更细致的新技术相结合，以诠释出旧产业建筑独特的工业精神。

4. 内部空间的具体改造技术

(1) 新旧内部空间的兼容整合

旧产业建筑年代久远，它们中的一些由于经历了多次改扩建，有的结构体系已经变得十分脆弱，且存在复杂的安全隐患，从使用上来说距现代的功能需求相去甚远。在这种情况下，保留外墙，重建结构不失为一种可行的方式。具体而言，即将承重的外墙小心地从结构体系中剥离出来，并用钢框架从后面加以固定，保留拆除下来的建筑局部、窗扇、粉刷和装饰元素等富有历史和艺术价值的建筑结构用作重建中的复原或移到其他建筑中去。而对于一些

图15-13、14、15：通过拆除部分楼板和在建筑空间内部增加夹层的手法，不仅增加了产业建筑内部的采光量，而且还最大限度地保留了原有建筑空间的完整性，使得原有建筑构件含蓄地退居于一方，成为后建部分的陪衬。

对旧产业建筑的表皮整饰应抱以谨慎理性的态度，改建的程度一般依据历史、立面现状、内部新功能而进行，根据不同情况选择相适应的方法，主要体现在屋面与墙面改造上。

不能完全适应或满足新内容在面积、功能等使用需求的旧产业建筑，则可以采取扩建的方式，将扩建部分有机地渗入到原有空间结构中，使新旧结构相互合二为一，如通过拆改部分楼板，改动封闭的屋顶为通透的玻璃天窗等尝试来加强空间的内容。对于一些具有重要工业历史价值的建筑，又可采取恢复其原初状态与合理新增相结合的手法，如拆除部分后加的内隔墙和搭建部分，重新规划房间布局，还原立面形式，以实现既满足历史遗产的需要，也满足新功能需要的功能。

(2) 旧产业建筑的表皮整饰

墙面和屋面是构成建筑内部空间的两大主要界面，它们同时又构成建筑的表皮，在旧产业建筑中，由于其特殊的历史因素，表面现状已各不相同，这为其改造与再利用提出了新内容。其依据不同的情况改造方法各不相同。

墙面改造主要包括：① 运用现代科技技术对墙面进行清洗、修补和防潮处理，以避免新材质难以与旧材质结合的问题；② 不改变建筑墙面墙体和洞口的位置，仅替换原有饰面材质，以保持原立面的基本构成形式；③ 保留部分尚属完整的墙面，结合新功能设计其余墙面，这是立面改造的大胆尝试，能为新住户争取最大的历史和区位价值；④ 在建筑表皮与建筑支撑结构分离的情况下，通过更换表皮使建筑空间品质随之改变；⑤ 外置表皮，即在原有建筑表皮外再加一层表皮，使原有建筑的视觉效果获得最大的空间改观，这属于一种新的支撑结构；⑥ 内置表皮，此表皮概念已超出外立面的特征，是属于内部空间范围的一个界面，适用于一些需要保护级别高的建筑或空间片段，它既可以满足新功能的使用要求及功能的灵活布置，又可以使历史建筑得到保护。

屋面改造主要包括：① 按照原样翻新，增加天光效

图15–16：上海“8号桥”时尚创意中心外景，通过新旧结合的手法，使原有建筑墙体产生出丰富的变化。

图15–17：利用整饰如旧的手法最大限度地保留原有建筑墙面的用材，是旧产业建筑表皮整饰的一种最经济的方法。图为上海城市雕塑艺术中心厂房外景。

果，以使室内采光质量大大提高；② 更新屋面形式，在法律法规允许的情况下对屋面进行改造，如德国的博斯希城购物休闲中心就拆除了原有封闭的屋顶，代之以波浪型玻璃和钢架组合的新颖屋架结构体系，为中央步行街争取了更多的自然采光，③ 屋顶花园。这是一种灵活运用空间的有效形式，既使受用人得益，也提升了建筑的品质，使产业建筑更为人性化。

图15-18：旧产业建筑中由于采用了特殊的屋架构成形式，从而又获得了一种与众不同的空间特征。它们通过采用不同的构造方式，形态也不尽相同，但不可否认，它们是独具魅力的。

(3) 节能、生态设计和技术运用

在可持续发展的时代要求下，节约能源、绿色环保已深入人心。对旧产业建筑内部空间改造来说，如何将文物保护和低能耗措施有机地结合起来是一个新课题，其主要体现在：

① 优化利用太阳能等再生型能源，将供热和供电技术相结合，如利用组合式采暖供电设备，在发电时将使用的热水输送到建筑周围，回收后再加热，从而改变传统的发电厂把废气直接排到大气的情况，为当地的居民甚至工厂提供取暖所需的大量热量，使旧产业建筑拥有不竭活力的目的。

② 通过对墙体进行隔热层处理，利用新型保温产品对节能、保温、隔音、装饰效果进行统一考虑，如将单薄轻质的玻璃窗改换为双层隔热玻璃、增设隔热玻璃及在内侧设立第二道窗或复式结构的窗以增强表皮的保温性能；通过在屋顶增设太阳能收集装置、新保温材料和工艺、隔热玻璃天窗等手法来改善旧产业建筑原有屋顶的结构老化、保温性能差、采光通风不良等缺陷。

③ 重视并加强结构检测技术、激光清洗技术、防水增强和结构加固技术的运用，以使旧产业建筑改造达到事半功倍的效果。

④ 提倡积极利用旧产业建筑的遗留，如对旧产业建筑的构筑物、废弃的生产设备、内部设施、构件等进行动态保存，以使其成为改造过程中区别于其他建筑改造类型的特征性设计元素。

图15-19：通过加建与改建的手法，使建筑表皮获得了崭新的肌理，外凸的窗户丰富了原有建筑表皮的单调感，同时也大大降低了改建成本。

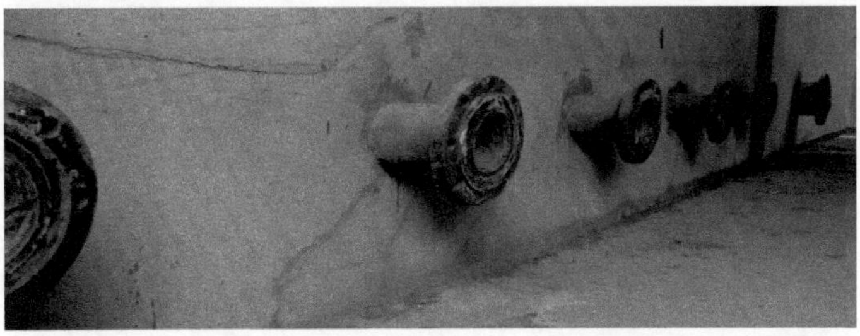

图15-20：保留旧产业建筑中的废弃设施，将其作为独特的室内装饰物，是增强旧产业建筑符号信息的重要手段。

图15—21：利用旧产业建筑作为艺术展示中心的一则实例，粗犷的木地板与暴露式的屋架形成了极为协调的整体感，它们与画作的精美产生出极强的视觉对比效应。

本章重点与习题：

1．请从旧产业建筑内部空间的构成元素入手，分析它们与一般建筑构成元素的区别。
2．对旧产业建筑内部空间进行改造，需注意哪些原则及要点？
3．依据不同的情况，对旧产业建筑墙面与屋顶的改造通常有哪几种方法？

第十六章 室内设计的风格与流派

室内设计的风格和流派，是室内设计发展和演变形成的客观现象，也是一定历史条件下文化发展的产物。室内设计的风格和流派往往是和建筑以至家具的风格和流派发展相关；甚至与当时文化和艺术风格的演化有关；如室内设计中的“高技风格”则是“高技派”建筑设计的延续，而建筑与室内设计中的“后现代”风格则体现了当代文化发展的一种思潮。可见，室内设计的风格除了具有材料、技术演变造成的风格特征外，也和其他的艺术和文化发展有着密切的关系。

一种室内设计风格的形成，是当代文化思潮和地方特点，通过设计、创作构思和表现，逐渐发展成为具有代表性的设计形式。一种典型风格的形式，通常是和当地的人文因素和自然条件密切相关，又具有创作中的构思和造型的特点。所以说风格具有艺术、文化、社会发展等深刻的内涵。从这一深层含义来说，风格又不完全等同于艺术或设计的形式。

一种风格或流派一旦形成，它又能对文化、艺术以及诸多的社会因素产生影响，并不仅仅局限于作为一种艺术形式表现和视觉上的感受。近几十年来，室内设计的风格在总体上呈现出多元化的趋势，出现了兼容并蓄的状况。在体现设计的艺术特色和个性的同时，一般认为，当代存在的室内设计的风格可分为传统风格、现代风格、后现代风格、自然主义风格以及折中主义风格等。

图16-1：室内设计作为建筑设计的一个派生，在风格流派上与建筑设计始终保持着一种深厚的渊源关系，因而在其发展历程中，不外乎秉承着与建筑相同的发展风貌。

对各种室内设计风格与流派的掌握，不仅是体现每一个室内设计师艺术涵养的重要方面，还有助于设计师不断丰富和发展具有自己独特表现语言的个人风格。

图16-2：利用结构简化的博古架、书桌与落地灯，使书房透露出浓郁的中国氛围，单元化的结构设计又可满足不断与日俱增的书籍存放量，使得传统家具的功能更能满足现代化的生活需求。

1. 传统风格

传统风格的室内设计，是指在室内布置、色调以及家具、陈设的造型等方面，吸取传统设计中的主要特征。如西方传统风格范畴内的哥特式风格、文艺复兴风格、巴洛克风格、洛可可风格、古典主义风格等，都具备了当时的经典特征。而中国传统风格的室内，则主要指吸取我国传统木构架建筑室内的藻井天棚、挂落、雀替等的构成和装饰，通常具有明、清家具造型和款式特征而形成的设计特点。此外，还有众多的地方和民族的传统风格，如日本传统风格、伊斯兰传统风格等。传统风格通常给人们以历史延续和地域文脉的感受，它使室内环境的设计突出了民族文化渊源的形象特征。

2. 现代主义风格

一般认为，现代主义风格起源于20世纪初以德国包豪斯学派为代表的现代主义建筑设计运动，而这场设计改革运动则开创了当代设计的先河。它的创始人、著名建筑师格罗皮乌斯认为："美的观念随着思想和技术的进步而改变"，"在建筑表现中不能抹杀现代建筑技术，建筑表现要应用前所未有的形象"。包豪斯在这场运动中起到了举足轻重的作用，他不仅重视教学过程中的手工艺制作，也强调设计与工业生产的联系。现代主义风格在形成过程中，强调突破传统，重视功能和空间组织，注意发挥结构本身的形式美，反对多余装饰，崇尚合理的构成工艺，尊重材料的性能，讲究材料自身的质地和色彩的配置效果，发展了非传统的以功能布局为依据的不对称的构图手法。包豪斯的建筑和室内设计风格在20世纪的建筑中具有广泛的影响，并成为当代设计的代名词。而广义的现代风格也可泛指造型简洁、新颖，具有时代感的建筑形象和室内环境。

图16-3、4：几何化的装饰性元素与建筑结构融为一体，体现出简洁利落、功能至上的设计原则。这极大地反映了现代主义反对多余的装饰，讲究体现材料自身质地和色彩的设计风格。

图16—5、6：两则分别运用天然材料与绿化进行自然主义风格表现的室内设计实例。

3. 自然主义风格

建筑与室内设计中的自然主义风格在很大程度上受到了文学领域内的自然主义思潮的影响，它倡导文学“回归自然”，在美学上推崇自然，认为在当今高科技、高节奏的社会生活中，只有回归自然，才能使人们能取得生理和心理的平衡。受到这种思潮影响的室内设计所形成的风格，在设计中更多地采用木料、织物、石材等天然材料，显示材料的纹理，清新淡雅。此外，由于其宗旨和手法的类同，也可把田园风格归入自然主义风格一类。田园风格在室内环境中力求表现悠闲、舒畅、自然的田园生活情趣，也常运用天然木、石、藤、竹等材质质朴的纹理。同时，也注重设置室内绿化，创造自然、简朴、高雅的氛围。

4. 折中主义风格

也被称为“混合型”风格，原指19世纪法国流行的一种融合了多种风格的建筑设计，后引伸为在设计中融合各种风格而成为一种特点的设计风格。近代，室内设计在总体上呈现多元化、兼容并蓄的状况。室内布置中也有既趋于现代实用，又吸取传统的特征，在装饰与陈设中将古今或中西的风格融于一体，如现代风格的建筑及装修，配以传统的屏风、摆设和茶几等；欧式古典风格的装修灯具，配以东方传统的家具、陈设、小品等。混合型风格虽然在设计中不拘一格，运用多种体例，但在设计中仍然是匠心独具，深入推敲形体、色彩、材质等方面的总体构图和视觉效果。

图16—7、8：带有折中主义风格特点的两则设计实例。

图16-9、10、11：高技风格的代表作——法国巴黎蓬皮杜国家艺术文化中心外立面夜景，运用于旧产业建筑中，多以暴露式的屋顶构架与管道设施作为保留建筑原有历史风貌与工业信息的重要手段。

5. 高技风格

常常被称为“高技派”或称重技派，其设计特点是突出当代工业技术成就，并在建筑形体和室内环境设计中加以炫耀，崇尚“机械美”，在室内暴露梁架、网架等结构构件以及风管、线缆等各种设备和管道，强调工艺技术与时代感。高技风格的典型实例为法国巴黎蓬皮杜国家艺术与文化中心、香港的中国银行等。

蓬皮杜国家艺术文化中心(Centre National d'art et de Culture Georges Pompidou)坐落在巴黎拉丁区北侧、塞纳河右岸的博堡大街。建筑师皮亚诺与罗杰斯设计的这个建筑呈现了一种史无前例的建筑形态，建筑的外部钢架林立、管道纵横，并且根据不同功能分别漆上红、黄、蓝、绿、白等颜色，外观极像一座工厂。中心大厦南北长168m，宽60m，高42m，分为6层。大厦的支架由两排间距为48m的钢管柱构成，楼板可上下移动，楼梯及所有设备完全暴露。东立面的管道和西立面的走廊均为有机玻璃圆形长罩所覆盖。大厦内部设有现代艺术博物馆、图书馆和工业设计中心。它南面小广场的地下有音乐和声学研究所。中心打破了文化类建筑所应有的设计常规，突出强调现代科学技术同文化艺术的密切关系，是当时建筑设计界最为前卫的设计，后来也成为现代建筑中高技派的最典型的代表作。

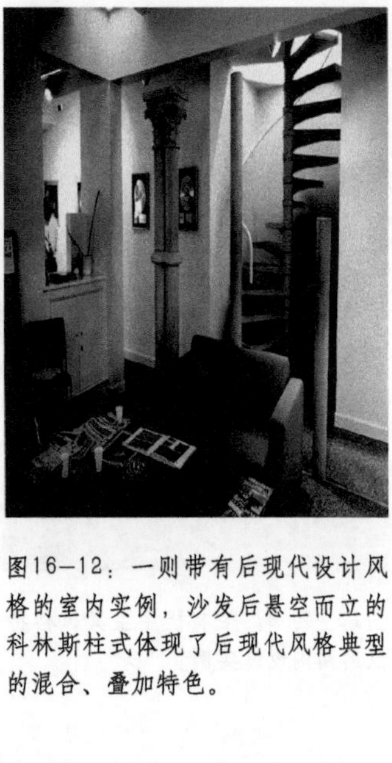

图16-12：一则带有后现代设计风格的室内实例，沙发后悬空而立的科林斯柱式体现了后现代风格典型的混合、叠加特色。

6. 后现代风格

“后现代主义”一词最早出现是用来在文学上描述现代主义风格内部发生的逆动，特别是指一种对现代主义纯理性的逆反心理，故被称之为“后现代风主义”。20世纪50年代，美国在“现代主义”文化衰落的情况下，也逐渐形成后现代主义的文化思潮。受到60年代兴起的波普艺术的影响，后现代风格是对现代主义风格中纯理性主义倾向的批判，后现代风格强调建筑及室内设计应当具有历史的延续性，但又不拘泥于传统的逻辑思维方式，提倡探索创新造型手法。在室内设计中，常把古典主义建筑的构件以抽象形式的手法组合在一起，即采用非传统的混合、叠加、错位、裂变等手法和象征、隐喻等手段，以创造一种融感性与理性、集传统与现代于一体的室内环境。后现代设计强调室内的复杂性和矛盾性，反对简单化、模式化，追求人情味，崇尚隐喻和象征手法的运用，提倡多元化和多样化，室内设计的造型特点趋向繁复，大胆地使用新的手法重新组合室内构件，大胆地运用图案和色彩，设计手法具有很大的自由度，室内的家具、陈设也往往具有象征意味。

图16—13、14：一则首饰店室内设计实例，店内设计通过模仿洛可可风格繁复与精细轻巧的装饰特征，与现代新型装饰材料和工艺相结合，从而显现出奢华富丽的特点。

7. 新洛可可风格

洛可可原为18世纪盛行于欧洲宫廷的一种建筑装饰风格，以精细轻巧和繁复的雕饰为特征，新洛可可仰承了洛可可繁复的装饰特点，但装饰造型的“载体”和加工技术却运用现代新型装饰材料和现代工艺手段，从而具有华丽而略显浪漫、传统中仍不失时代气息的装饰氛围。

8. 装饰艺术风格

“装饰派艺术”（Art Deco）风格的起源可以追溯到19世纪末欧洲盛行一时的“新艺术运动”。与“新艺术风格”相比，它更是一种奢侈的风格。“装饰艺术”风格以其瑰丽和新奇的“现代感”而著称。装饰派艺术风格的室内装饰的重点是强调各种新奇的材料，并极为讲究地运用这些材料。“装饰艺术”的设计特点是轮廓简单明朗，外表呈流线形或几何形；图案呈几何状或由具象形式演化而成；它趋于几何形，但又不强调对称，趋于直线又不囿于直线。与新古典主义风格有某种相似的是它所具有的规范性。它从各种源泉中广泛汲取灵感，包括“新艺术风格”中较严谨的方面、包豪斯风格等。

当工业化社会逐渐向后工业社会或信息社会过渡的时候，人们对自身周围环境的需要除了能满足使用要求、物质功能之外，更注重对环境氛围、文化内涵、艺术质量等精神功能的需求。室内设计不同艺术风格和流派的产生、发展和变换，既是建筑艺术历史文脉的延续和发展，具有深刻的社会发展历史和文化的内涵，同时也必将极大地丰富人们与之朝夕相处活动于其间的精神生活。

设计风格的发展不是一部简单的历史教科书，它承载了社会经济、政治、哲学、艺术等诸多方面因素的影响。要真正了解它，还需对这些方面作深入细致的了解，才能真正领会其精神实质。

图16—15：运用具有鲜明民族特色的室内陈设进行卧室设计的一则实例，充分体现出对于各历史风格的了解已越来越成为室内设计师进行环境氛围营造的基础前提。

本章重点与习题：

1. 为什么说室内设计与建筑设计有着深厚的渊源？
2. 以某一设计风格为例，简要分析它的特点。
3. 试分析现代主义风格与后现代主义风格的区别。

第十七章 室内设计作品欣赏

图17—1、2、3：利用折叠式原木架与竹材围合而成的试衣间不仅使服装卖场空间形式感突出，而且气息纯朴，区域分明。

图17-4、5、6：人类营建自己的居所经历了漫长的历史，从原始人用猛犸象骨堆砌小屋到严谨规制的中式厅堂（安徽宏村承志堂，右上图），再到雕饰华丽的郊外别墅（英国威特郡的威尔顿小屋，右下图），凝结的是人类探索居住空间构筑技术、审美情趣及哲学思想由低向高不断攀升的历程。

图17-7、8、9、10：通过对各种材料构造、色彩等造型元素的综合运用及对人环境心理的分析，充分展现出其在引导人视觉与环境行为等方面的重要性。这其中室内设计基本法则与手法的灵活渗透极为重要。

图17-11、12、13、14、15、16：几何元素堆叠起来的室内空间布局与装饰艺术风格鲜明的图书馆空间相比，一则体块分明，形式洗练；另一则丰满瑰丽，富丽堂皇。

图17-17、18、19：以木材为主要材料，在大开间的产业建筑内进行空间再次分割，这不仅是当前社会整体产业转型的需求，而且还是室内设计师们尽情展现空间架驭能力的良好平台。

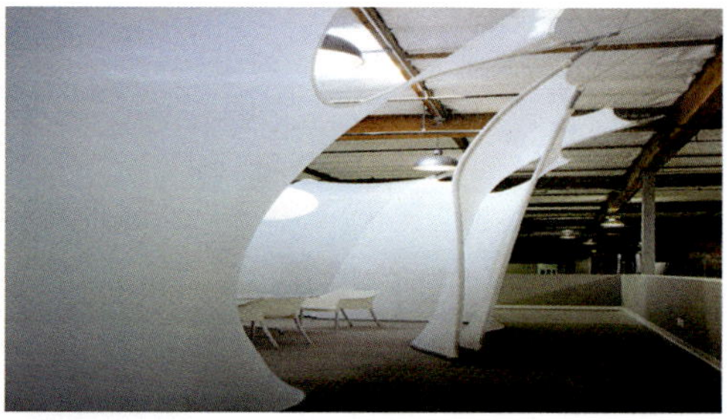

图17-20、21、22：利用夸张的帷幔造型对旧厂房内部空间进行划分，既与旧厂房的工业精神形成了极好的呼应，又使空间的功能更贴近于现实的需求，同时又极易于日后的再次更新与重新设计。

图17-23、24：建筑技术的不断突破为人们在室内空间中进行空间的二次组织、流线布局提供了广泛的表现空间。图中交错于巨大共享空间之中的两个盒状体块与着重用色彩进行表现的建筑内部空间，反映了室内空间营建手段的多样性。

图17-25、26、27：室内空间的分割手段是多种多样的，这其中家具的作用尤为突出，它最具灵活性和可变性，能在室内其他界面与陈设不发生任何改变的前提下，使空间发挥形态与功能的多元变化。而这其中，多功能家具又格外受人青睐。

图17–28、29：一则运用烤漆玻璃进行抽象图案处理的建筑内部空间与幕墙局部。充分体现出设计者将建筑室外环境与建筑功能作为一个整体进行综合处理的思想。玻璃透空处实现了室内空间与室外空间的相互渗透，其中富有现代气息的钢管图案又恰如其分地传递出了内部空间的特质。

图17–30、31：两则分别侧重于运用装饰手段与简洁的线条进行界面处理的公共空间大堂与居室玄关。

图17–32、33、34：运用明快的色彩与夸张的造型手法设计的一则餐厅空间，主题鲜明，风格突出，能迅速与用餐者共生出情感共鸣。

图17—35、36、37：旧产业建筑在原有光线条件不理想的情况下，利用单面高侧斜窗、双面多层侧窗与顶部天窗的设置，用以改善光环境的三种主要方式，它们可使室内空间获得富有变化的舞台效果。

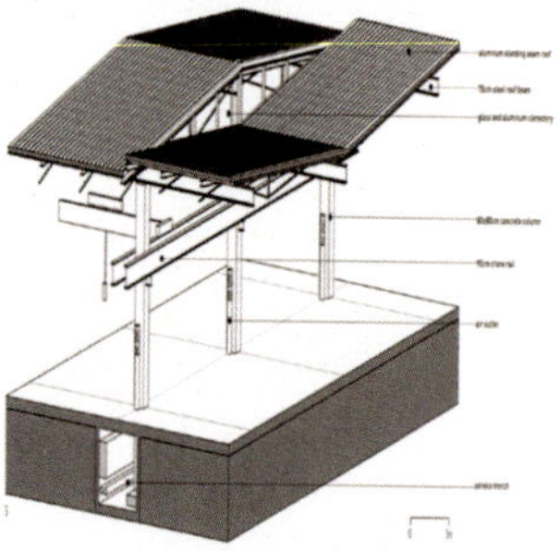

图17—38、39：通过增加屋顶褶皱的肌理，用以增加屋顶的采光面积，从而改善室内采光条件。

图17—40、41：光是构筑建筑内部空间灵魂的重要元素之一，它的来源虽主要借助于建筑界面上的窗户位置与面积，但对室内空间氛围的影响却作用极大。

图17－42、43、44：简洁的木结构局部夹层不仅成功实现了对旧产业建筑内部空间用途的功能转换，还大大丰富了旧产业建筑内部单调的空间布局，原有浓烈的工业气息在木材的调和下变得温和而恬静，形式感又与原空间用途保持着一定程度的暗合。

图17－45、46、47：利用旧建筑中遗留下来的设备及构筑物，将其作为独一无二的创作题材，是突出旧产业建筑历史价值的重要手段。

图17—48、49：展示空间中运用展板作为展区与形式感创作的一则实例。具有别具一格，浑然一体的特色。

图17—50、51、52、53：室内空间中利用局部吊顶、灯具与家具的呼应手段，使人在心理上产生出局部空间领域的四则例子。形式多样，原理却一致。

图17—54、55、56：室内陈设的布置手段是多种多样的，即便是同一空间，运用不同色彩或图案的织物都能产生截然不同的风格面貌。同时它还具有鲜明的民族特色，如图17—56中的碎拼花布艺即是我国的一种传统布艺种类。

图17—57、58、59、60、61：几则运用不同装饰手法与材料进行室内空间设计的实例，显示出陈设艺术对构建室内空间性格的重要性。它们取材广泛，表现形式多样，在室内设计中的地位越来越突出。

色彩历来是室内设计的一个重要内容，它千变万化，具有能左右人心理情感的多重功能。要有效组织它们，除了要掌握系统的色彩学知识，在日常生活中注重民族、习俗、文化等方面信息的积累也同样重要。

图17－62、63、64、65：四则分别利用对比色、同类色及无彩色系进行色彩配置的例子，显示出色彩对于构筑室内视觉中心及不同风格面貌的重要性。

图17－66、67：一则利用明快的色彩与活泼的图案进行主题烘托的销售环境设计，风格鲜明，视觉冲击力强。

图17—68、69、70、71、72：一则借用民族色彩与室内陈设进行各界面与陈设布局的中式餐饮空间，巧妙融合了民族要素与现代化室内空间功能的需求，实用与文化表征性兼具。

图17—73、74：分别具有泰式风味与我国民间乡土风味的两则卧室设计实例，突出了民族文化元素对满足当前人们追求精神价值取向的重要作用。

图17—75、76、77：三则根据不同的商品陈列方式与尺寸需求进行设计的展示架，照明设计也融为一体，这对突出商品、丰富展示空间的光环境层次具有重要作用。

图17—78、79、80：三则运用不同材料、手段及构造方式进行处理的间接照明实例。展现出了灯光柔情万种，在营造室内环境氛围方面的重要作用。

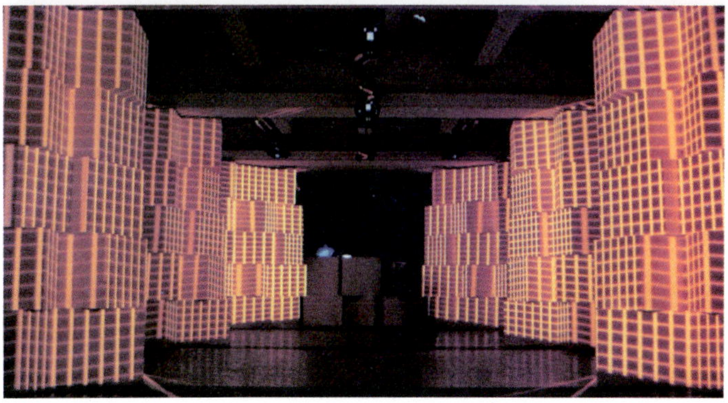

图17—81、82、83、84、85、86、87：将灯光与各种材料、造型元素进行综合表现的柱体与墙面，给人带来的是视觉上的冲击与虚幻。

图17-88、89、90、91：展示空间内部往往具有大跨度、多开间的特点。上四图中借用百叶形式进行界面处理，既划分出了相对独立的空间，有利于展位内外视线的彼此渗透，又极好地成为了品牌形象的传递媒介，集多重功能于一体。

图17-92、93：三则分别运用不同处理手法对展示空间进行区域划分与整体形态处理的实例。充分体现出室内设计集艺术与技术于一体的综合性学科特色。

图17－94、95：通过对展示空间中柱体外部线条的处理，不仅能有效界定展区的中心区域，还能借助于独特的造型，在观者心中留下深刻的记忆。

图17－96、97、98、99：通过不同空间处理手法进行设计的四则展示空间实例，皆以突出商品为设计中心，千差万别的造型是设计师丰富的空间想象力与技术协调能力的综合。

图17-100：室内设计融技术与艺术于一体的综合性学科特点表明，任何一位设计师都必须以发展的眼光去学习它、关注它。随着时代的进步，它涉及的内容还将不断外延拓展，永无止境。

本章重点与习题：

1. 结合自身专业知识构架，选择一种室内空间类型，对某一空间进行方案设计。
2. 结合可持续发展趋势，总结绿色节能的室内设计可有效运用的方法与手段有哪些？我国与国外相比，还存在着哪些差距？